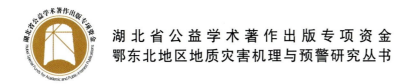

湖北省公益学术著作出版专项资金

鄂东北地区地质灾害机理与预警研究丛书

鄂东北堆积层滑坡孕灾机理与典型案例

E DONGBEI DUIJICENG HUAPO YUNZAI JILI YU DIANXING ANLI

邹 浩　晏鄂川　陈金国　等著

图书在版编目(CIP)数据

鄂东北堆积层滑坡孕灾机理与典型案例/邹浩等著. —武汉:中国地质大学出版社,2024.1
(鄂东北地区地质灾害机理与预警研究丛书)

ISBN 978-7-5625-5790-6

Ⅰ.①鄂… Ⅱ.①邹… Ⅲ.①堆积区-滑坡-研究-湖北 Ⅳ.①P642.22

中国国家版本馆 CIP 数据核字(2024)第 040955 号

鄂东北堆积层滑坡孕灾机理与典型案例		邹 浩 晏鄂川 陈金国 等著
责任编辑:谢媛华	选题策划:江广长 段 勇 李应争	责任校对:何澍语
出版发行:中国地质大学出版社(武汉市洪山区鲁磨路388号)		邮编:430074
电 话:(027)67883511	传 真:(027)67883580	E-mail:cbb@cug.edu.cn
经 销:全国新华书店		http://cugp.cug.edu.cn
开本:880毫米×1230毫米 1/16		字数:428千字 印张:13.5
版次:2024年1月第1版		印次:2024年1月第1次印刷
印刷:武汉中远印务有限公司		
ISBN 978-7-5625-5790-6		定价:238.00元

如有印装质量问题请与印刷厂联系调换

《鄂东北堆积层滑坡孕灾机理与典型案例》

编撰委员会

主　任：夏　彦　孙祥民　饶水明　陈金国　晏鄂川

副主任：夏焰光　王　涛　邹　浩

编写组：邹　浩　晏鄂川　卢　操　毛　帅　王　超
　　　　陈　兵　朱文慧　蔡恒昊　穆景超

前　言

黄冈市地处湖北省东北部,毗邻鄂、豫、皖、赣四省,地势北高南低,北部为大别山腹地,南部为长江滨江平原。长江横贯全境,区内水系发达,形成了"一江六水百湖千库"的水网与河谷冲积平原、丘陵岗地错落的地貌景观。这里是吴楚文化的重要发源地,是大别山红色革命老区,将星闪耀,历史文化底蕴深厚,也是中国南北地理分界线地域,有"鱼米之乡"的美称。

鄂东北地区地形地貌复杂,河谷高山纵横交错,地层岩体易于风化,且每年汛期有强降雨,导致本地区地质灾害频发。截至2021年12月底,本市各类地质灾害及隐患点1828处,造成64人死亡,直接经济损失达0.83亿元,仍有30 063人和21.15亿元财产受到威胁。本市地质灾害具有"点多面广、小灾大害、雨灾同期"的特点,滑坡占地质灾害总量的80%。其中,堆积层滑坡又占多数,共计878处,占滑坡总数的60%。

堆积层滑坡主要是指发生在第四系及近代松散堆积层内的滑坡,是本地区地质灾害的典型代表。堆积层滑坡具有"分布广泛、滑面清晰、雨灾同期、突发群发、周期复发"的特点。原因在于本地区的地层岩性多以元古代的片麻岩、花岗质片麻岩以及花岗岩为主,抗风化能力较弱,经风化后易形成全-强风化残坡积层;这类残坡积层与下伏基岩形成物理化学性质差异明显的地质界面,在重力和山洪或强降雨冲刷作用下,上覆残坡积层易沿着岩土接触面发生滑动,从而形成滑坡地质灾害。

堆积层滑坡分布广泛,在本市山区县城、集镇、村庄、景区、医院、学校、公路沿线等均有大量发育,且每年不断有新增灾害。堆积层滑坡主要集中在英山、罗田、麻城东南部、蕲春北部、武穴北部、黄梅北部,具有小灾大害、群发突发的特点。典型实例如2016年6月19日英山县发生强降雨,一日之内新发生上规模的堆积层滑坡140处;2016年6月30日罗田县胜利镇发生一处小型堆积层滑坡,滑坡体积20m³,造成1人死亡;2016年7月11日英山县温泉镇小米畈村六组发生堆积层滑坡,经处置之后,2016年12月、2017年4月、2017年6月、2017年9月又分别发生了4次规模较大的险情,具有复发性特点;2020年6月英山县温泉镇集中发生地质灾害50余处;2020年7月8日凌晨4时,黄梅北部大河镇袁山村三组突发一起堆积层滑坡,滑坡体积约40 000m³,造成8人死亡,5户17间房屋被毁,具有突发性特点。

本区堆积层滑坡严重威胁着当地人民群众的生命财产安全,制约着经济社会的发展,是党和政府关注的大事要事,是人民群众关切的民生问题。地质灾害犹如猛虎,应该怎么防,应该怎么治？这既是科学与专业问题,更是政治问题。多年来,本地区干部群众在防治地质灾害方面进行了有益尝试与实践,取得了明显成效,但由于对地质灾害认识不清、成因分析不够、规律总结不全等原因,地质灾害防治仍存在较多技术盲点、一些地质技术专业成果应用效率不高、一些具体工程措施不够科学精准、一些应急措施实用性不强、一些措施因缺乏专业论证仓促施加反而引起了负面作用或工程浪费等问题。

面对这些制约本地区地质灾害防治工作进一步发展的社会课题,该怎么有效破题是摆在当地防灾干部群众面前必须要回答的问题。2014年,湖北省地质局决定建实建强湖北省地质局第三地质大队,为鄂东北地质灾害防治工作提供了解决方案。经中共湖北省委机构编制委员办公室同意,湖北省地质局第三地质大队加挂"湖北省黄冈地质环境监测保护站"牌子,为鄂东北区域各级政府和社会履行提供地质资源保障与地质环境保护事业职能,开启了建设鄂东北地区地质灾害防治工作专业队伍的新时代。第三地质大队自恢复成立之时,便将做好地质灾害防治工作作为立队根本,将服务支撑地方党委政府决策作为行动指南,将保障人民群众生命财产安全作为单位使命初心。第三地质大队强思想、练精兵、钻技术、重实践,深度融入地方政府防灾工作,探索建立了县级地质环境监测分站,创新开辟了"专群结合"防灾新模式,系统构建了全域覆盖的地质灾害技术支撑体系,显著提升了鄂东北区域地质灾害防治能力,书写了地质队伍解答社会难题的新篇章。

这些成绩得益于一系列的组织建设与技术队伍建设。第三地质大队以分站专业队伍建设为总抓手,推动了鄂东北地区地质灾害防治工作专业化成势见效。第三地质大队(湖北省黄冈地质环境监测保护站)2014年8月挂牌恢复成立,2015年9月成立全省第一个县级地质环境监测保护站分站——英山分站,2名专业技术骨干长期派驻该县,与国土资源部门合署办公,点对点为该县国土资源局提供技术支撑;2016年4月,红安、麻城、团风、罗田、黄州、浠水、蕲春、武穴、黄梅等分站相继成立,每个分站派驻2~3名专业技术骨干,形成了市县联动、反应迅捷的专业化地质灾害防治队伍体系。第三地质大队2022年陆续与白莲河示范区、黄梅、英山、罗田、武穴、蕲春等地签订整县推进地质工作协议,与红安、黄州、团风、浠水、麻城沟通签订细节,依托整县推进着重加强地质灾害防治的队地合作。2022年10月黄梅县成立湖北省地质局第三地质大队一分队,探索分站向分队试点建设。

实践表明,分站的建设与布局是对鄂东北地质灾害群测群防体系的改造升级,群防和专防的力量与优势得到充分发挥。一方面地质灾害的调查评价专业成果通过分站专业技术人员在基层得到应用和实践,提升了专业成果应用率;另一方面专业技术人员通过长期一线实践,对地质灾害的分布、成因、规律等认识不断深化。

8年来,第三地质大队支撑鄂东北地区完成了地质灾害防治高标准"十有县"建设、地质灾害防治"四位一体"网格化建设、地质灾害综合防治体系建设等。完成了鄂东北所有县(市、区)地质灾害1∶5万详查、地质灾害风险调查评价、地质灾害重点集镇调勘查、地质灾害风险普查、地质灾害防治规划等基础调查工作,形成了系统集成的地质灾害调查成果。第三地质大队与地方政府和群众齐心协力,拧成一股绳,战胜了2016年、2020年、2021年特大暴雨和极端天气下的地质灾害,在风中雨中雷声中演绎了一个个为保护人民群众生命财产安全与地质灾害做斗争的感人故事。最辛苦也最可爱的是分站的一线技术员,他们热衷地质灾害防治事业,在一场场地质灾害应急抢险中挥洒汗水,把青春奉献给鄂东北地质事业,让我们记住这一串串名字:艾广申、毛帅、傅清心、吴鹏飞、王超、陈兵、张攀、朱文慧、蔡恒昊、陈慧娟、何明明、阎遥、张满、陈礼杰、田同亮、陈小婷、史闯闯、周海岩、刘晨阳、叶泽全、刘仕奔、吕柏燃、查柏宇、穆景超、阳吾坤、李思成、吴邦豪、陈豪杰、丰锐、欧阳崇椿、邓兴智、田雅琪、涂文鑫、杨高明、王伟鹏、王威、胡秀丽、丁鑫、司亚辉、屠乐刚、陈茂林、白东彬、张凯、郑伟、周建华、方彪、李笑等。

尽管只有8年的时间,但自然界不断的演变为我们研究和防治地质灾害提供了丰富的素材与实例。地质人面对大地,就像手术台上的医生,为大地诊断地质灾害疾病。2016年、2020年、2021年特大暴雨和极端天气,造成了多样的地质灾害"病例",包括出现了不少疑难杂症,为"地质医生"提供了大量的"临床"实践机会。我们组织这些有亲身经历的"地质医生",把理论与实践结合的过程,以及"临床"诊断和成功"手术"的案例,汇编起来形成本书,原汁原味展示于公众,以供读者参阅借鉴,为揭示地质灾害的前行之路积累微薄力量。限于著者水平,不足之处在所难免,恳请专家和读者予以指正,以便进一步修改。

邹 浩

2023年5月

目 录

第一章 自然地理与社会经济概况 (1)
 第一节 自然地理 (1)
 第二节 社会经济概况 (12)

第二章 鄂东北堆积层滑坡概况 (14)
 第一节 地质灾害概况 (14)
 第二节 滑坡概况 (18)
 第三节 堆积层滑坡概况 (21)

第三章 堆积层滑坡与降雨的关系研究 (25)
 第一节 堆积层滑坡与降雨量关系分析 (25)
 第二节 堆积层滑坡变形特征与降雨入渗规律浅析 (35)

第四章 堆积层滑坡物理力学特性试验研究 (52)
 第一节 堆积层滑坡分布发育特征统计 (52)
 第二节 典型堆积层滑坡特征分析 (67)
 第三节 岩土体及接触面室内试验研究 (71)
 第四节 接触面物理力学特性分析 (91)

第五章 堆积层滑坡孕灾条件及孕灾机理研究 (93)
 第一节 堆积层滑坡孕灾条件研究 (93)
 第二节 堆积层滑坡孕灾机理研究 (142)

第六章 鄂东北堆积层滑坡典型案例 (144)
 第一节 黄梅县大河镇袁山村三组滑坡 (144)
 第二节 黄梅县大河镇宋冲村滑坡 (151)
 第三节 蕲春县大同镇两河口村八组滑坡 (156)
 第四节 英山县温泉镇百涧河滑坡 (165)
 第五节 英山县温泉镇黑石头滑坡 (170)
 第六节 罗田县白莲河乡月山村三组滑坡 (177)
 第七节 麻城市龟峰山风景区红叶大道滑坡 (185)
 第八节 黄州区二水厂1号滑坡 (192)

第七章 鄂东北堆积层滑坡防治 (199)
 第一节 鄂东北典型堆积层滑坡防治工程分析 (199)
 第二节 鄂东北典型堆积层滑坡防治工程总结 (199)

主要参考文献 (203)

后 记 (205)

第一章 自然地理与社会经济概况

第一节 自然地理

一、地理概况

本书所指鄂东北主要指黄冈市域,现辖 7 县(红安、罗田、英山、浠水、蕲春、黄梅、团风)、二市(武穴、麻城)、五区(黄州区、龙感湖管理区、黄冈高新区、黄冈临空经济区、白莲河示范区)。黄冈,古称黄州,湖北省辖地级市,武汉城市圈城市之一,是鄂东北的主要区域。鄂东北地处大别山南麓,长江中游北岸,京九铁路中段,"楚头吴尾"和鄂、豫、皖、赣四省交界处,与武汉山水相连,面积 17 400km²,占湖北省总面积的 9.4%。地理位置:东经 114°25′—116°8′,北纬 29°45′—31°35′,东西最长距离为 168km,南北最宽跨度为 208km(图 1-1)。

二、地形地貌

鄂东北境内地势北高南低,形成自北向南逐渐倾斜的梯级地形结构。东北部为高山区,中部为丘陵岗地区,南部为平原湖区。其中,平原占 12.2%,岗地占 10.3%,丘陵占 43.3%,山地(低山、中山)占 34.2%,见图 1-2。

东北部由于大别山的隆起,自然构成长江、淮河两大水系的分水岭。红安、麻城、罗田、英山、浠水、蕲春等县(市、区)的北部为大别山脉,山峦连绵、高峰突起,海拔多在 1000m 以上。主脊呈北西-南东走向,有海拔 1000m 以上的高峰 96 座,位于罗田、英山的天堂寨主峰海拔 1729m,为鄂东北最高点。东部为大别山低山丘陵区,海拔多在 500~800m 之间。中部为丘陵区,海拔多在 300m 以下,高低起伏,谷宽丘广,冲、垄、塝、畈交错。发源于大别山南麓的倒水、举水、巴水、浠水、蕲水诸水从北向南贯注,形成许多面积大小不等的山间盆地和河谷平地,出现河谷冲积平原与丘陵岗地错落交叉的地貌景观;南部为长江冲积平原,海拔在 10~30m 之间,最低点海拔为 9.6m,多湖泊,河流主要有巴河、佛河、新河等,均自北向南注入长江,面积在 500 亩(1 亩≈666.67m²)以上的湖泊有 38 个。

三、气象水文

1. 气象

鄂东北属亚热带大陆性季风气候江淮小气候区。四季光热界线分明,日照率为 43%~49%,年平均气温为 15.7~17.1℃,全年无霜期在 237~278d 之间,年降雨量 1223~1493mm,年降雨总

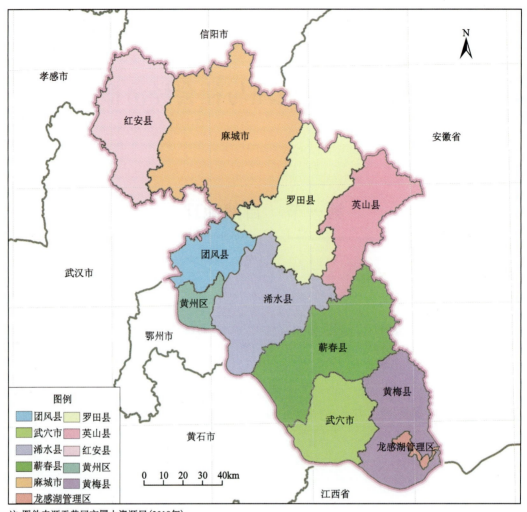

注:图件来源于黄冈市国土资源局(2018年)。

图 1-1　黄冈市行政区划图

量 222.37 亿 m^3,降雨日数(≥0.1mm 日数)在 115～147d 之间。光照丰富、雨量充足是植物生长的有利条件,但因气候要素分布不均,常有洪涝、干旱等灾害发生。

根据近 20 年的平均降雨量统计结果,鄂东北年降雨量波动较大,年际变化明显。年降雨量在 968.3～2 033.6mm 之间,最大为 2020 年的 2 033.6mm,其次为 2016 年的 1 939.8mm,最小为 2013 年的 968.3mm。降雨量年际变化呈波状起伏,变化最大为 1 065.3mm,见图 1-3。统计资料显示,区内月际降雨多集中在 3—8 月,这 6 个月总降雨量平均值为 978.92mm,占全年降雨量的 70.92%,其中降雨量最大的月份为 7 月。近 20 年月降雨量最大发生在 2020 年 7 月,达 691mm,多年月平均降雨量为 217.63mm,见图 1-4。鄂东北降雨空间分布相对均衡,除了红安、麻城北部降雨量低于 1000mm 之外,其余大部分地区降雨量在 1000～1500mm 之间,见图 1-5。降雨具有连续集中、强度大、突发性强、时空分布不均等特征。降雨时段集中,降雨量集中,大到暴雨较多,多连续降雨、夜雨。夏秋季雨量最多,春季次之,冬季最少,春、冬多为小到中雨。

2. 水文

鄂东北河流湖泊纵横交错,水洼港汊星罗棋布。地表水资源量 67.735 5 亿 m^3,地下水资源量 20.485 2 亿 m^3,地表水资源与地下水资源间的不重复计算量为 2.455 6 亿 m^3,水资源总量为 70.191 1 亿 m^3。

第一章 自然地理与社会经济概况

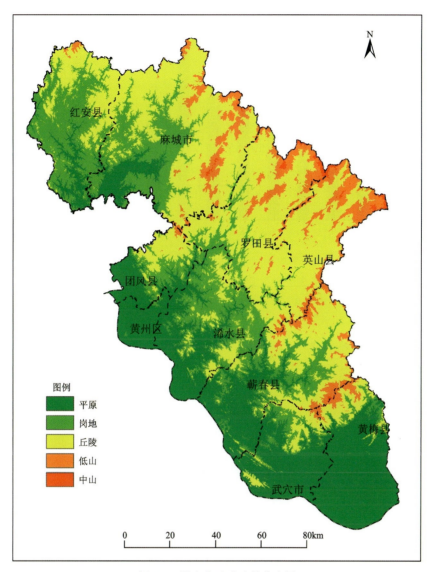

图 1-2 鄂东北地形地貌分布图

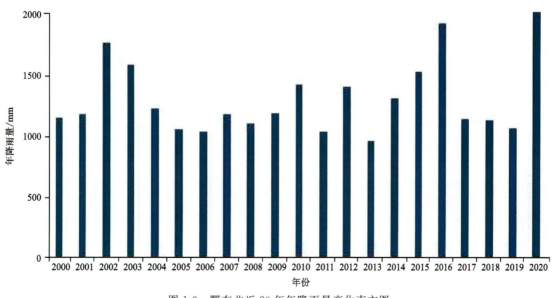

图 1-3 鄂东北近 20 年年降雨量变化直方图

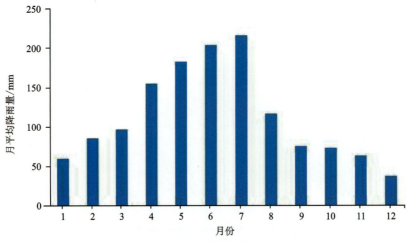

图 1-4 鄂东北近 20 年月平均降雨量变化直方图

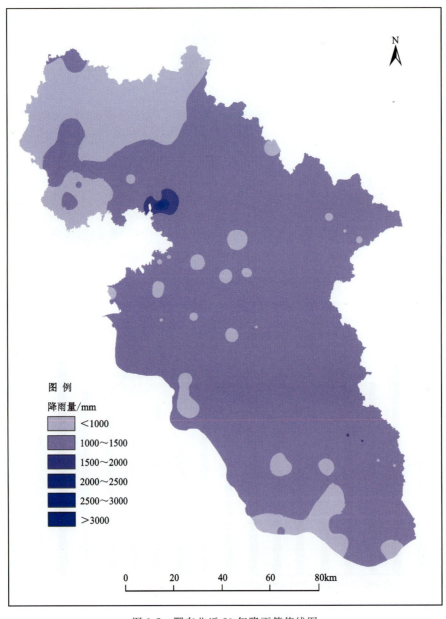

图 1-5 鄂东北近 20 年降雨等值线图

区内有大中型水库49座，各类水文站点214个，其中水文站22个、水位站38个、雨量站137个、地下水站11个、土壤墒情站6个，全年监测降雨量、蒸发量、水位、流量、泥砂、水温、土壤墒情等水文要素。有"黄金水道"之称的长江流经团风、黄州、浠水、蕲春、武穴、黄梅6个县(市、区)南沿，总长189km。举水、倒水、巴水、浠水、蕲水和华阳河六大水系，均自北向南流经本区汇入长江。龙感湖、赤东湖、武山湖、太白湖、策湖、望天湖、白潭湖等天然湖泊，白莲河水库、鹞鹰岩水库、浮桥河水库、金沙河水库等水库水面广阔，形成鄂东北"七山一水二分田"的格局(图1-6)。

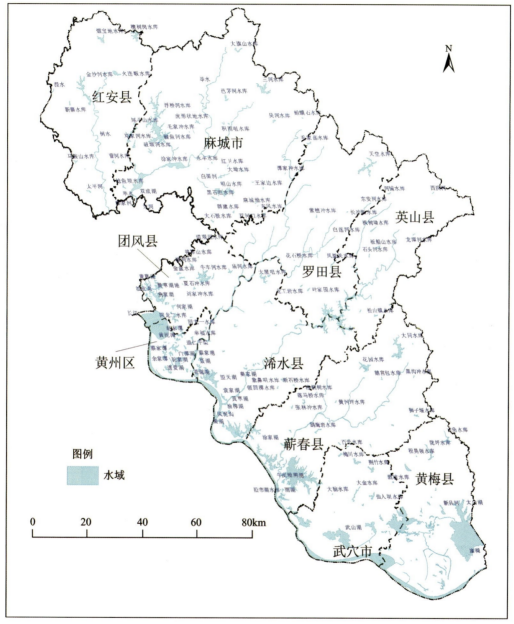

图1-6 鄂东北水系分布图

四、水文地质特征

根据含水介质特征、地下水赋存条件和水动力特征，区内地下水分为松散岩类孔隙水、碳酸盐岩裂隙水、基岩裂隙水三大类型。

1. 松散岩类孔隙水

区内松散岩类孔隙水主要分布于冲沟地带、长江等河流两岸的漫滩和Ⅰ级阶地中。自上而下由第四纪全新世冲洪积砂、砂砾石和亚砂土、砂、砂砾石层组成,厚度不等,一般在0~27m之间,地下水水位埋深0.6~6m。由于上覆岩性为粉土、粉质黏土及粉砂,入渗条件好,因而地下水可直接接受大气降水补给,易遭受污染。地下水自阶地后缘向阶地前缘运移,排泄于河流,按水力性质可分孔隙潜水和孔隙承压水。孔隙潜水多分布于长江等河流心滩和沟谷低洼处,富水性相差悬殊。位于长江心滩的单井涌水量可达1000~5000m³/d,位于沟谷低洼处单井涌水量仅为10~100m³/d,有些地方甚至低于10m³/d。孔隙承压水多分布于长江、蕲河等河流两岸Ⅰ级阶地,富水性亦有显著差异。阶地前缘由于含水层较厚,故水量普遍较后缘丰富。根据单井涌水量,富水性等级分为中等和贫乏两级,其中中等又细分2个亚级,即500~1000m³/d、100~500m³/d,贫乏为10~100m³/d。

2. 碳酸盐岩裂隙水

区内碳酸盐岩裂隙水主要分布在武穴、黄梅和蕲春一带。含水层由上震旦统、寒武系、奥陶系、石炭系、下二叠统、中下三叠统组成,岩性为灰岩、白云质灰岩、硅质灰岩、含燧石灰岩、角砾状灰岩和大理岩。岩溶一般较发育,其中又以中下三叠统最发育,岩溶形态以溶蚀洼地、漏斗、溶洞为主,在标高-100m以下大部有地下水赋存。根据地下水含水层出露条件可分为覆盖-埋藏型和裸露型。覆盖-埋藏型地下水水位接近地表或高出地表,具有承压性,富水性中等—强,钻孔单位涌水量100~500m³/(d·m);裸露型地区常见泉水,泉流量相差大,一般为10~100m³/d。地下水水化学类型一般以低矿化度重碳酸-钙型水或重碳酸-钙镁型水为主。

3. 基岩裂隙水

区内基岩裂隙水包括碎屑岩裂隙水、火成岩风化裂隙水、侵入岩风化裂隙水以及变质岩风化裂隙水。

(1)碎屑岩裂隙水。由三叠系蒲圻组、侏罗系香溪群及白垩系—第三系(古近系+新近系)公安寨组组成,主要岩性为泥岩、粉砂岩、细砂岩、砂砾岩等。岩性复杂,厚度变化大。富水程度主要与裂隙发育程度和岩石性质关系密切。总体而言,该类型地下水含水层埋深大体在地表以下4.5~6m,厚度大于50m。地下水水位高出地表1.25m和埋入地下2m左右,具承压性。此类型地下水水量贫乏,泉流量一般小于10m³/d,单井涌水量小于20m³/d。

(2)火成岩风化裂隙水。赋存于燕山期花岗岩及大别期—吕梁期片麻状斑状花岗岩风化带中,区内仅木子店镇、龟山乡小面积零星分布,富水性十分贫乏,泉流量一般小于5m³/d,属于弱富水岩组。

(3)侵入岩风化裂隙水。各时代侵入岩岩性主要为二长花岗岩、花岗闪长岩、片麻杂岩及基性—超基性岩脉。该岩类风化带发育,强风化层厚5~10m,最厚10m。地下水主要赋存于风化裂隙中,含水性微弱,泉水流量大多小于10m³/d,局部在断裂带附近泉水流量可达100m³/d左右。

(4)变质岩风化裂隙水。赋存于元古宇红安群以及太古宇大别群变质岩风化裂隙中,区内大面积分布。风化带厚度一般3~6m,最厚15m。地下水储存于风化裂隙中,富水性弱,水量贫乏,泉流量一般小于10m³/d,含水极不均一,流量悬殊,属弱富水岩组。

五、地层与构造

1. 地层岩性

鄂东北属秦岭地层区的东延部分,地层出露比较齐全,自太古宇至新生界均有分布(图1-7)。以太古宇、元古宇、古生界变质岩系为主,大面积分布于黄梅、蕲春、浠水、团风以北的秦岭褶系地区。中生界及新生界主要在区内南端和麻城西南地区出露。根据各时代地层对地下水赋存、分布所起的控制作用,该区地层归为4个地层组合,分述如下。

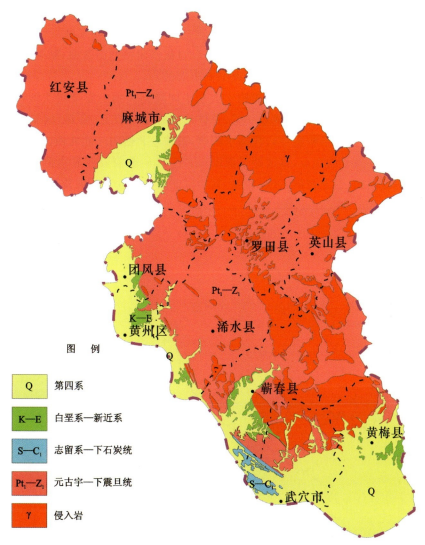

图1-7 鄂东北地层岩性分区图

(1)元古宇—下震旦统(Pt_1—Z_1)。区内北部和东部地区广泛分布,为浅到中—深区域副变质岩,透水性极差。

(2)志留系—下石炭统(S—C_1)。主要分布在武穴、黄州等地,志留系为浅变质碎屑岩层,厚454～1966m,透水性极差,起区域隔水隔热作用。

(3)白垩系—新近系(K—E)。主要出露于黄州、武穴、麻城,为山间断陷盆地陆相碎屑岩层,厚度不详,隔水隔热,常为下伏热水含水层的良好盖层。其中砂岩夹层或穿插于其间的玄武岩体富含裂隙水及空洞裂隙水,积聚热能,常形成次生热储。

(4)第四系(Q)。分布于长江、巴河等河流和小河两岸漫滩及阶地上,厚7～75m。第四系富含孔隙潜水及承压水,在沟谷或河床中泄露的地热流体受到第四系孔隙冷水和河水的混合,热水温度变低,水质变淡,泉水位置也不固定。

鄂东北是湖北省内岩浆岩最为发育的地区,有扬子期、加里东期、燕山早晚期侵入岩,以燕山期花岗岩类为主。火山活动形成的喷出岩亦有少量分布在黄梅、黄州等地区。

2. 地质构造

鄂东北是大别山断块的一部分,地处大别山复背斜,核部为大别群,翼部为红安群,组成北西-南东方向的基底褶皱。该区与湖北省其他前寒武纪变质岩分布区相比,有较独特的地质构造。鄂东北地壳不仅经历了前寒武纪剧烈变动,而且在中生代时曾剧烈"活化",新生代以来继续活动。北北东向、北东东向构造叠加于老的北西向构造之上。岩浆活动和混合岩化作用强烈而普遍,断裂密集,导致地壳中的热流密度和地温梯度值普遍高于省内其他前寒武纪变质岩区。

在大地构造上,鄂东北处于秦岭褶皱系桐柏—大别中间隆起大别山复背斜次级构造——浠水褶皱束(四级构造单元)中。该褶皱束展现在浠水一带,总体形迹在浠水以北,背斜、向斜轴线均向南凸出以致形成一个弧形构造带(关口弧形构造带);在浠水西南,褶皱呈北西向—北北西向展布;在褶皱束南缘,形成白垩纪红盆。按地质力学的观点,本区处于淮阳"山"字形构造前弧西翼内侧,受区域构造影响,区内主要构造线方向为北西向、北北西向、近东西向,其中以北西向和近东西向构造线为主,见图1-8。

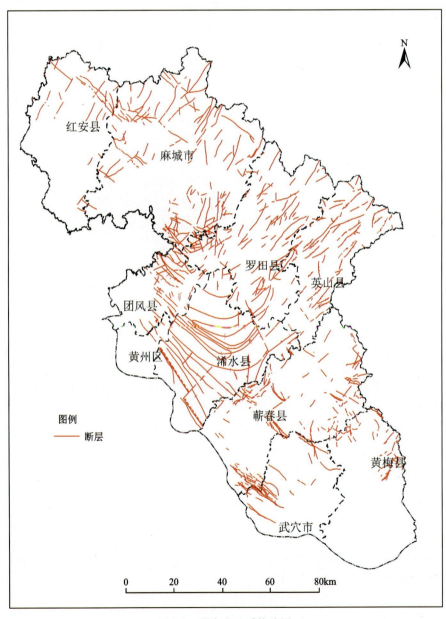

图1-8 鄂东北地质构造图

六、工程地质特征

根据岩土体类型、结构及岩性组合，区内岩土体可划分为第四系松散岩类、软弱—次坚硬中至厚层状变质岩类、较坚硬中—厚层状碎屑岩类及坚硬岩浆岩类，见图1-9。

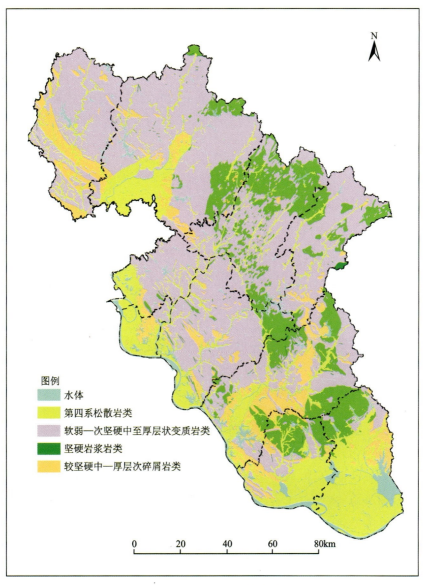

图1-9　鄂东北工程地质图

1. 第四系松散岩类

该岩类主要包含第四系冲洪积、残坡积及崩积的黏土、粉质黏土、碎石土、砂砾（卵）石、泥砾，主要分布在河谷地带、山间洼地和缓坡地带。厚度不均，一般为1~10m，土体松散，力学强度低。黏土、粉质黏土具塑性，遇水易软化，局部地段分布的黏土具胀缩性，主要分布于鄂东北南部沿江地区。

2. 软弱—次坚硬中至厚层状变质岩类

该岩类主要包含元古宇与太古宇深变质的片岩、白云钠长片麻岩、斜长片麻岩等。岩性软弱—

次坚硬,抗风化能力弱,力学强度较低,在鄂东北境内广泛分布,集中在红安、麻城、浠水以及英山罗田大部。

3. 较坚硬中—厚层状碎屑岩类

该岩类主要包含白垩系紫红色石英砂岩、粉砂岩及细砂岩,岩性软弱、易风化,力学强度低,主要分布于黄梅东北部、武穴西南部、黄州城区、麻城城区等。

4. 坚硬岩浆岩岩类

该岩类为大别期—吕梁期侵入岩,由酸性二长花岗岩、斑状二长花岗岩、混合花岗岩及基性岩组成,呈坚硬块状,抗风化能力较强,力学强度较高,主要分布在武穴北部、蕲春县中部、英山罗田北部等。

七、自然资源

1. 水资源

截至2019年,鄂东北水资源总量84.704 5亿 m^3,地表水资源总量82.280 7亿 m^3,水能资源理论蕴藏量46.4万kW。其中,可开发水能资源34.8万kW,年发电量9.6亿 kW·h。区内有大中小型水库1237座,总库容50.63亿 m^3;塘堰28万口,蓄水22.39亿 m^3。水利工程有效灌溉面积31.86万 hm^2。

2. 土地资源

截至2022年,鄂东北耕地面积48.52万 hm^2。其中,水田32.20万 hm^2,占鄂东北耕地总面积的66.36%;水浇地1.56万 hm^2,占鄂东北耕地总面积的3.22%;旱地14.76万 hm^2,占鄂东北耕地总面积的30.42%。耕地主要分布在麻城市、黄梅县、浠水县,3个县(市)的耕地面积占鄂东北耕地总面积的48%。

3. 动植物资源

鄂东北有各类自然保护地61个,涉及的空间面积17.76万 hm^2,占鄂东北土地面积的10.2%,是全国重点生态功能区。野生动植物种类多样,有野生植物1487种,野生动物634种,是华中地区保存最好的物种资源库和生物基因库。

4. 矿产资源

截至2021年,鄂东北发现矿产46种(亚矿种54个),查明资源储量的非油气类矿床249处。非金属矿产资源丰富,主要有石灰岩、白云岩、花岗岩等。磷矿石储量2 218.6万t,主要分布在黄梅、武穴。萤石矿储量在260万t以上,主要分布在红安。冶金用脉石英、玻璃用石英岩矿含二氧化硅90%～99.9%,储量在440万t以上,主要分布在蕲春、麻城等地。饰面用花岗岩和饰面用大理岩遍布黄梅、蕲春、浠水、团风、麻城、罗田、英山等地,分布面积约1000 km^2,资源储量超过1.9亿 m^3。巴水、浠水、蕲水、倒水、举水5条河流黄沙储量约1亿t,是长江中下游最大的黄沙基地。金属矿发现有铁、锰、铬、铜、铅、锌、钒、钛、镉钼、金、银以及稀有金属铌、钽、锆等矿点,其中铁、金红石、铅、锌储量较丰富。金矿点有6处,分布在蕲春、罗田、浠水、团风、武穴、黄梅等地。地热资源丰富,发现10处,开发利用英山汤河、罗田三里畈等处,分布面积约1000 km^2,可开发利用储量约1102万 m^3/a。

5. 地质遗迹与旅游资源

鄂东北旅游资源丰富，自然人文交相辉映（图1-10）。鄂东北由于地处大别山，造就了举世罕见的自然奇观；气势磅礴的大别山重峦叠嶂，原始森林葱郁，珍稀动植物繁多；山间的五彩湖绚丽斑斓，天然溶洞神秘幽深，让人感慨大自然的威力；温泉与瀑布、山林与湖泊相映成趣，有世外桃源之感。鄂东北这块古老的土地上人文景观壮丽，有着辉煌的历史文化和人文景观，光辉灿烂的红色文化、璀璨夺目的名人文化、享誉世界的医药文化、源远流长的戏曲文化、久负盛名的非遗文化以及绚丽多彩的生态文化，为鄂东北的旅游开发提供了深厚的文化底蕴。鄂东北共有A级旅游景区72家（其中AAAA级20家），世界地质公园1个（湖北黄冈大别山世界地质公园），湖北省旅游强县4家、旅游名镇5家、旅游名街2家、旅游名村17家，漂流景区14家，滑雪场3个，温泉度假区3个。

审图号：GS（2019）3773号

注：图件来源于"学习强国"平台。

图1-10 鄂东北旅游资源分布图

黄冈大别山世界地质公园行政区划涉及黄冈市红安县、麻城市、罗田县和英山县4个县（市），总面积2 625.54 km²，是中国中央山系地质-地理-生态-气候分界线的重要组成部分，保留了自太古宙以来地球多期变质变形作用演化所产生的种类丰富的岩浆活动地质遗迹，具有全球对比意义（图1-11）；汇"峰、林、潭、瀑"于一地，集宗教文化、民俗风情、历史人文于一体，层峦叠翠、雾海流云、林海苍茫、鸟语花香，以大陆造山带结构－花岗岩山岳地貌为特征，兼具地质遗迹的典型性、完整性、系统性、稀有性和优美性，是地学研究的天然实验室和造山带研究的天然基地，生态环境优良、历史文化厚重、科普价值极高的自然保护地。

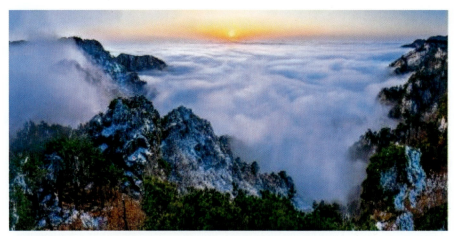

图 1-11　大别山世界地质公园天堂寨景区

第二节　社会经济概况

一、人口

根据第七次人口普查数据,截至 2020 年末,鄂东北常住人口为 588.27 万人,占全省常住人口的 10.19%。在鄂东北常住人口中,男性人口为 303.45 万人,占 51.58%;女性人口为 284.82 万人,占 48.42%。鄂东北居住在城镇的人口达到 279.74 万人,占比为 47.55%,城镇人口 10 年年均增长 2.7%;居住在乡村的人口为 308.53 万人,占比为 52.45%。与 2010 年相比,城镇人口增加 65.32 万人,乡村人口减少 93.26 万人,10 年间城镇化率提高 12.75 个百分点。

二、经济

2021 年鄂东北实现生产总值(GDP)2 541.31 亿元(现价),按可比价格计算,增长 13.8%。第一产业增加值 503.41 亿元,增长 11.3%。第二产业增加值 807.41 亿元,增长 18.6%,其中,全部工业增加值 627.63 亿元,增长 18.9%。第三产业增加值 1 230.48 亿元,增长 11.9%,其中,批发和零售业、交通运输仓储和邮政业、住宿和餐饮业、金融业、房地产业、其他服务业增加值分别增长 12.3%、24.5%、18.2%、6.3%、10.6%、11.2%。三次产业结构由 2020 年的 20.5∶30.1∶49.4 改变为 19.8∶31.8∶48.4。

城乡居民收入稳定增长,生活质量不断提高。2022 年全年城镇常住居民人均可支配收入 36 312 元,增长 6.7%;农村常住居民人均可支配收入 17 855 元,增长 8.5%。城镇居民恩格尔系数 37.35%,农村居民恩格尔系数 37.5%。年末城镇居民人均住房面积 40.53 m²,比上年增加 0.26 m²。农村居民人均住房面积 48.55 m²,比上年增加 0.49 m²。城镇新增就业人数 7.13 万人,培训劳动力 6.24 万人次,城镇失业人员再就业 3.37 万人,就业困难人员就业 2.73 万人。组织农村劳动力转移就业 145.88 万人。城镇职工基本养老保险参保 113.60 万人,工伤保险参保 37.88 万人,失业保险参保 29.79 万人。

三、历史文化

黄冈市历史文化源远流长,有 2000 多年的建置历史,孕育了中国佛教禅宗四祖道信、五祖弘忍、六祖慧能,宋代活字印刷术发明人毕昇,明代医圣李时珍,现代地质科学巨人李四光,爱国诗人、学者闻一多,国学大师黄侃,哲学家熊十力,文学评论家胡风,《资本论》译者之一王亚南等一大批科学文化巨匠,为中华民族乃至世界历史发展做出了重要贡献。

黄冈是中国共产党早期建党活动的重要驻地和鄂豫皖革命根据地的中心,组建了红十五军、红四方面军、红二十五军、红二十八军等革命武装力量,发生了"黄麻起义"、新四军中原突围、刘邓大军千里跃进大别山等重大革命史事件。为缔造共和国,先后有44万黄冈儿女英勇捐躯,其中5.3万人被追认为革命烈士。在这片英雄的土地上,诞生了董必武、陈潭秋、包惠僧3名中共一大代表,董必武、李先念两位国家主席,林彪、王树声、韩先楚、陈再道、陈锡联、秦基伟等200多名开国将帅,铸就了"紧跟党走、不屈不挠、艰苦奋斗、无私奉献"的老区精神。

四、发展规划

"十四五"时期,黄冈市将创造性落实湖北"一主引领、两翼驱动、全域协同"的区域经济布局,主动融入"打造武鄂黄黄"核心圈城市发展大局,更大力度实施"对接大武汉,建设新黄冈"战略,加快形成"五大主攻产业支撑、战略性新兴产业引领、现代服务业赋能"的现代产业体系,构建"一区两带"(黄冈都市区、大别山旅游经济带、沿江经济带)的产业空间格局(图1-11)。根据《黄冈市国民经济和社会发展第十四个五年规划和二〇三五年远景目标纲要》,黄冈市产业呈现"五大主攻产业支撑,战略性新兴产业引领,现代服务业赋能"的现代产业体系。

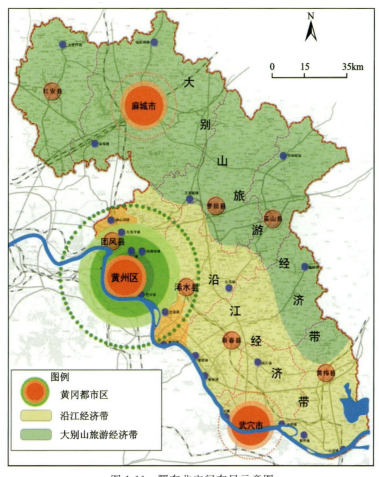

图1-11 鄂东北空间布局示意图

第二章　鄂东北堆积层滑坡概况

鄂东北处于大别山腹地，区内山高谷深，地形切割严重，降雨充沛，地质灾害极为发育，是湖北省境内受地质灾害危害最为严重的地区之一。2021年自然灾害风险普查数据显示，截至2021年12月底，鄂东北共计各类地质灾害及隐患点1828处，区内因地质灾害造成死亡64人，直接经济损失达0.83亿元，有30 063人、21.15亿元财产受到地质灾害的威胁。鄂东北地质灾害具有"点多面广、小灾大害、雨灾同期"的总体特点。从灾种上来看，滑坡占地质灾害总数的80%，而其中堆积层滑坡占滑坡总数的60%，是鄂东北大别山地区的代表性地质灾害。因此，对堆积层滑坡进行总结研究，对于掌握鄂东北地区地质灾害规律，提升对地质灾害的系统认识，有针对性地推广地质灾害防治知识，提高地质灾害防治能力与水平均具有深远意义。

第一节　地质灾害概况

一、地质灾害类型

以湖北省地质环境综合信息平台数据（截至2020年底）为基础，综合详查资料、"四位一体"核排查资料、地质灾害风险调查评价资料、2021年度地质灾害隐患点核（排）查数据，现有地质灾害及隐患点1828处。其中，滑坡1464处，崩塌295处，泥石流57处，地面塌陷12处（表2-1、图2-1）。

表 2-1　鄂东北地质灾害基本类型统计表

灾种	数量/处	规模		
		大型/处	中型/处	小型/处
滑坡	1464	0	17	1447
崩塌	295	2	17	276
泥石流	57	0	3	54
地面塌陷	12	1	0	11
总计	1828	3	37	1788

二、地质灾害分布规律

区内地质灾害受地质环境条件、气象水文以及人类工程活动的影响具有点多和面广等特点，在时空上及行政区域分布不均。

第二章 鄂东北堆积层滑坡概况

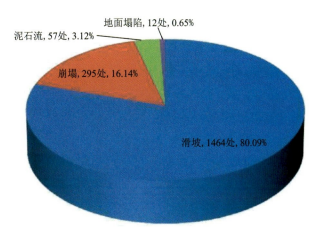

图 2-1 鄂东北地质灾害类型统计饼状图

1. 地质灾害空间分布规律

工作区内地质灾害共计 1828 处,遍及境内各行政区区域(表 2-2,图 2-2)。其中,分布最多的是英山县,共 495 处,占总数的 27.08%;其次为罗田县和蕲春县,分别为 324 处和 293 处,分别占总数的 17.72% 和 16.03%。

表 2-2 鄂东北地质灾害点分布统计表

序号	县(市)	面积/km²	滑坡/处	崩塌/处	泥石流/处	地面塌陷/处	合计/处	占比/%
1	红安县	1796	113	15	1	1	130	7.11
2	麻城市	3747	70	43	3	0	116	6.35
3	蕲春市	2398	271	16	6	0	293	16.03
4	黄州区	353	36	1	0	0	37	2.02
5	团风县	838	62	9	0	1	72	3.94
6	浠水县	1949	112	32	0	0	144	7.88
7	武穴市	1200	87	11	2	9	109	5.96
8	黄梅县	1701	47	57	3	1	108	5.91
9	罗田县	2144	224	75	25	0	324	17.72
10	英山县	1449	442	36	17	0	495	27.08
	合计	17 575	1464	295	57	12	1828	100.00

2. 地质灾害时间分布规律

1)年份分布规律

地质灾害在年际分布上差异性明显。据 1955—2021 年 66 年间有时间记录的地质灾害分布情况统计,区内 1828 处地质灾害分布于 41 个年份,其中 2016 年发生频率最高,发育了 921 处地质灾害,占总数的 50.38%,其次是 2020 年,发育了 242 处地质灾害,占总数的 13.24%,其他年份地质灾害发生频率相对较低。1955—2013 年,共发生地质灾害 398 处,占总数的 21.77%。如表 2-3 所示,自 2010 年以

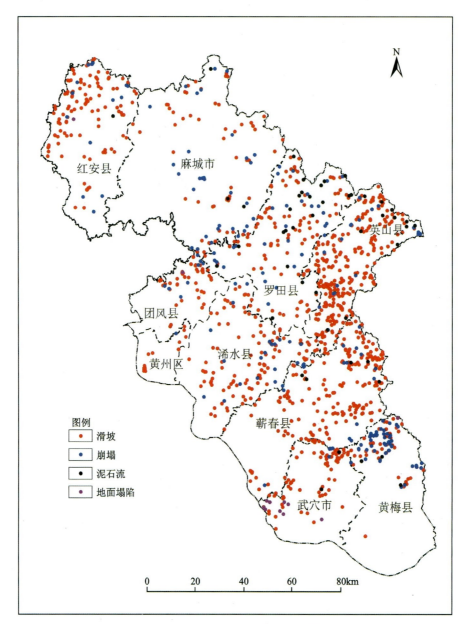

图 2-2 鄂东北地质灾害点分布图

来,鄂东北地质灾害呈多发易发态势,且发生频率与这些年份降雨集中分布及近年来人类工程活动加剧有关。

表 2-3 地质灾害发生年份情况统计表

年份	数量/处	年份	数量/处
1955	1	2001	5
1961	1	2002	15
1965	1	2003	16
1968	1	2004	8
1969	5	2005	13

续表 2-3

年份	数量/处	年份	数量/处
1976	1	2006	18
1979	1	2007	19
1981	1	2008	21
1984	1	2009	9
1985	1	2010	33
1986	2	2011	13
1987	1	2012	43
1989	2	2013	26
1990	3	2014	47
1991	4	2015	118
1994	2	2016	921
1995	4	2017	80
1996	4	2018	69
1997	3	2019	15
1998	14	2020	242
1999	24	2020	242
2000	14	2021	6

2)月份分布特征

区内地质灾害一般集中发生在 6—7 月,地质灾害总数为 1562 处,占鄂东北地质灾害总数的 85.45%。其中,6 月和 7 月地质灾害发生的频率较高,分别占总数的 40.650% 和 44.80%;其次依次是 5 月、8 月、4 月、10 月、3 月、9 月、1 月和 2 月,分别占总数的 4.05%、2.95%、2.30%、1.53%、1.37%、0.88%、0.44%、0.44%;11—12 月地质灾害数量相对较少,共发生 11 处地质灾害,分别占鄂东北地质灾害总数的 0.27% 和 0.33%。

由此可见,地质灾害在月份上分布极不均匀,多分布于汛期 5—8 月。地质灾害的时间分布规律受降雨周期及降雨量影响明显,具有大雨、暴雨同期或略为滞后的特点,表明降雨为地质灾害重要的触发因素(表 2-4)。

表 2-4 鄂东北地质灾害发生月份情况统计表

发生月份	地质灾害数量/处												
	1月	2月	3月	4月	5月	6月	7月	8月	9月	10月	11月	12月	合计
滑坡	8	5	15	26	49	606	690	37	7	13	3	5	1464
崩塌	0	3	10	12	21	119	90	16	7	15	1	1	295
泥石流	0	0	0	2	1	17	35	1	1	0	0	0	57
地面塌陷	0	0	0	2	3	1	4	0	1	0	1	0	12
合计	8	8	25	42	74	743	819	54	16	28	5	6	1828
占比/%	0.44	0.44	1.37	2.30	4.05	40.65	44.80	2.95	0.88	1.53	0.27	0.33	100.00

第二节 滑坡概况

工作区内滑坡共1464处,占地质灾害总数的80%,分布在红安县、黄梅县、英山县、武穴市、黄州区、罗田县、麻城市、蕲春县、团风县、浠水县各个行政区域内。其中分布最多的是英山县,共有442处,其次为蕲春县和罗田县,分别为271处和224处(表2-5、图2-3)。

表2-5 各县(市、区)滑坡分布统计表

县(市、区)名称	红安	黄梅	武穴	黄州	罗田	麻城	蕲春	团风	英山	浠水	合计
数量/处	113	47	87	36	224	70	271	62	442	112	1464
百分比/%	7.72	3.21	5.94	2.46	15.30	4.78	18.51	4.23	30.19	7.56	100.00

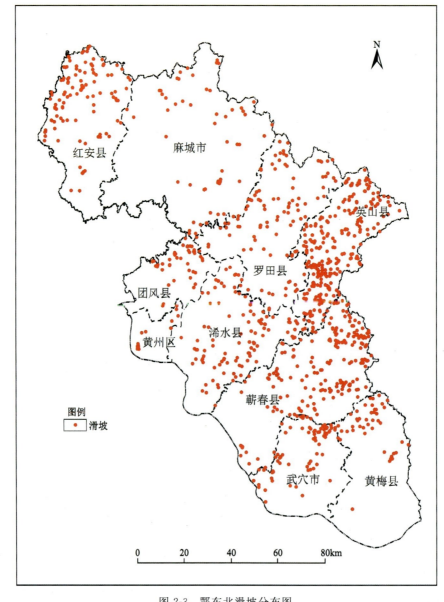

图2-3 鄂东北滑坡分布图

区内滑坡按规模、物质成分、滑体厚度、平面形态、剖面形态、运动形式、诱发因素、稳定性现状（表 2-6）及形成时间分类叙述如下。

表 2-6 鄂东北滑坡类型特征表

划分指标	类型	数量/处	比例/%
规模	小型	1447	98.84
	中型	17	1.16
物质成分	岩质	509	34.77
	土质	953	65.09
	混合	2	0.14
滑体厚度	浅层	1464	100.00
平面形态	舌形	445	30.40
	矩形	202	13.80
	半圆形	495	33.81
	不规则形	322	21.99
剖面形态	复合形	63	4.30
	凸形	373	25.48
	凹形	253	17.28
	直线形	232	15.85
	阶梯形	534	37.09
运动形式	牵引式	1163	79.44
	推移式	216	14.75
	复合式	85	5.81
稳定性现状	稳定	376	25.68
	不稳定	287	19.60
	基本稳定	801	54.72
形成时间	汛期(5—8月)	1392	95.08
	非汛期(1—4月,9—12月)	72	4.91

1. 按规模分类

按规模划分，区内无特大型、大型滑坡，有中型滑坡 17 处，占滑坡总数的 1.16%；其余滑坡体积均在 20 000m³ 以下，均为小型，占滑坡总数的 98.84%（图 2-4）。

2. 按物质成分分类

按物质成分划分，区内滑坡分为土质滑坡、岩质滑坡和岩土混合滑坡。其中，土质滑坡 953 处，占滑坡总数的 65.10%；岩质滑坡 509 处，占滑坡总数的 34.77%；岩土混合滑坡，占滑坡总数的 0.13%（图 2-5）。

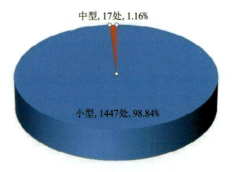
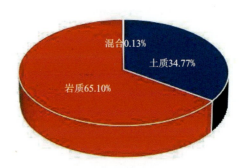

图 2-4 鄂东北滑坡规模统计饼状图　　图 2-5 鄂东北滑坡物质成分统计饼状图

3. 按滑体厚度分类

按滑体厚度划分,区内滑坡分为浅层滑坡(滑体厚度小于 10m)、中层滑坡(滑体厚度为 10～25m)和深层滑坡(滑体厚度大于 25m)。除有 1 处中层滑坡外,其他滑坡滑体厚度在 2～5m 之间居多,均小于 10m。因此,区内大部分滑坡均属浅层滑坡。

4. 按平面形态分类

按平面形态划分,区内滑坡主要有舌形、矩形、半圆形、不规则形。其中,半圆形 495 处、舌形 445 处、矩形 202 处、不规则形 322 处,分别占滑坡总数的 33.81％、30.40％、13.80％和 21.99％(图 2-6)。

5. 按剖面形态分类

按剖面形态划分,区内滑坡主要有凸形、凹形、直线形、阶梯形、复合形。其中,凸形 373 处、凹形 253 处、直线形 232 处、阶梯形 534 处、复合形 63 处,分别占滑坡总数的 25.48％、17.28％、15.85％、37.09％、4.30％。阶梯形为主要形态,原因为灾害发生后当地进行应急处理将坡体进行放坡形成阶梯状(图 2-7)。

图 2-6 鄂东北滑坡平面形态统计饼状图　　图 2-7 鄂东北滑坡剖面形态统计饼状图

6. 按运动形式分类

按运动形式划分,区内滑坡大部分为牵引式,共 1163 处,占滑坡总数的 79.44％;其次为推移式,共 216 处,占滑坡总数的 14.75％;复合式最少,为 85 处,占滑坡总数的 5.81％(图 2-8)。

7. 按稳定性现状分类

按稳定性现状划分,区内滑坡处于基本稳定状态的有 801 处,占滑坡总数的 54.72％;处于稳定状态的有376处,占滑坡总数的25.68%;处于不稳定状态的有287处,占滑坡总数的19.60%(图2-9)。

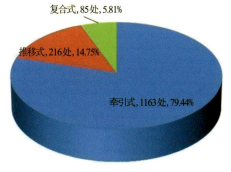
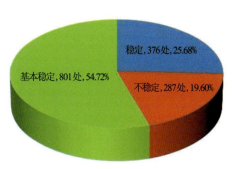

图2-8　鄂东北滑坡运动形式统计饼状图　　图2-9　鄂东北滑坡稳定性现状统计饼状图

8. 按形成时间分类

按发生时间,区内滑坡划分为古滑坡、老滑坡和新滑坡3类。全新世以前发生滑动、现今整体稳定的滑坡称为古滑坡;全新世以来发生滑动、现今整体稳定的滑坡称为老滑坡;现今正在发生滑动的滑坡称为新滑坡(现代滑坡)。区内均为新滑坡,滑坡的发生时间与降雨规律性一致,降雨量多的年份地质灾害多,降雨量少的年份地质灾害相对较少,2016年发生滑坡最多,发生月份多集中在5—8月,说明滑坡发生与降雨关系密切。

滑坡发生时间与日降雨量处于最大值的时间不同步。如2020年7月8日凌晨发生特大暴雨,最大降雨量达679mm,在7月6日降雨量达到最大值后,受暴雨作用影响发生了百余处滑坡,而滑坡发生时间均在7月6日—21日之间,滞后降雨1~10d。

在强降雨反复、长期影响的作用下,同一处地质灾害复发变形破坏。如五祖镇张思永村六组滑坡、马鞍村五组不稳定斜坡、花山村三组(同村公路)滑坡等,初次变形后于2016年、2018年及2020年再次或多次发生变形破坏。

滑坡是在多种动力作用下形成的,其发生时间、地点和强度等具有很大的不确定性。地质灾害是复杂的随机事件,尤其是由持续强降雨引发的高位滑坡(剪出口远远高于坡脚的滑坡),具有一定的隐蔽性,如黄梅县袁山村三组滑坡、宋冲村滑坡,英山县百涧河滑坡、黑石头滑坡,蕲春县大同镇两河口村八组滑坡等。

第三节　堆积层滑坡概况

一、堆积层滑坡分布规律

鄂东北地区发育的滑坡以堆积层为主,主要发生在第四系及近代松散堆积层内。鄂东北地区的地层岩性多以片麻岩、花岗岩以及花岗质片麻岩为主,在长期的历史风化过程中形成了原岩碎块石混杂残积黏性土或残积砂土,即全—强风化残积物层。由于山洪或雨水冲刷山坡上的残积层,携带的大量碎屑物质堆积于山脚形成洪坡积层。据调查,这些堆积层滑坡的主要失稳形式是沿斜坡中内生的地质界面滑动。

鄂东北堆积层滑坡共计878处,英山、蕲春、罗田数量居前三位,见图2-10、图2-11。

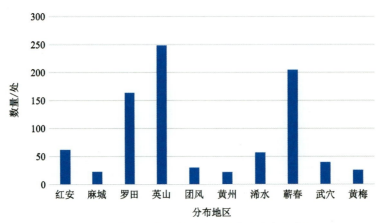

图 2-10　鄂东北堆积层滑坡地理位置分布柱状图

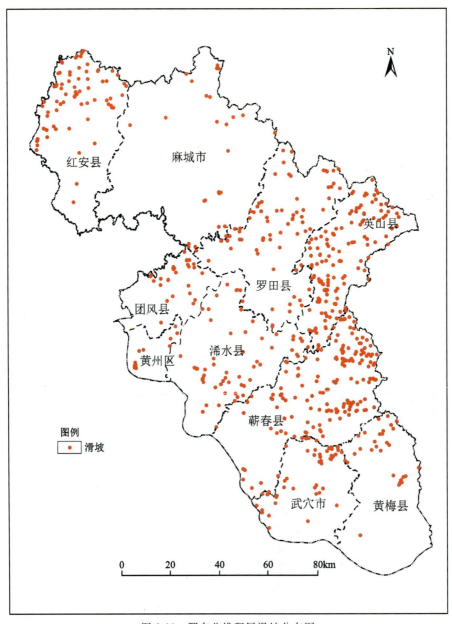

图 2-11　鄂东北堆积层滑坡分布图

二、堆积层滑坡特征

区内堆积层滑坡按照规模、滑体厚度、平面形态、剖面形态、运动形式、稳定性现状（表 2-7）分类如下。

表 2-7　鄂东北堆积层滑坡类型特征表

划分指标	类型	数量/处	比例/%
规模	小型	867	98.75
	中型	11	1.25
滑体厚度	浅层	878	100.00
平面形态	舌形	297	33.83
	矩形	109	12.41
	半圆形	306	34.85
	不规则形	166	18.91
剖面形态	复合形	41	4.67
	凸形	228	25.97
	凹形	178	20.27
	直线形	113	12.87
	阶梯形	318	36.22
运动形式	牵引式	699	79.61
	推移式	126	14.35
	复合式	53	6.04
稳定性现状	稳定	252	28.70
	不稳定	166	18.91
	基本稳定	460	52.39

1. 按规模分类

按规模划分，区内堆积层滑坡无特大型、大型；有中型 11 处，占滑坡总数的 1.25%；其余体积均在 10 000m³ 以下，均为小型，占滑坡总数的 98.75%（图 2-12）。

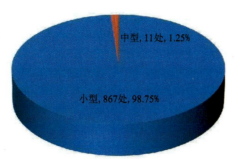

图 2-12　鄂东北滑坡规模统计饼状图

2. 按滑体厚度分类

按滑体厚度划分,区内堆积层滑坡可分为浅层滑坡(滑体厚度小于 10m)、中层滑坡(滑体厚度在 10~25m 之间)和深层滑坡(滑体厚度大于 25m)。区内除有 1 处中层滑坡外,其他滑体厚度以 2~5m 居多,均小于 10m,因此区内滑坡均属浅层滑坡。

3. 按平面形态分类

按平面形态划分,区内堆积层滑坡主要有舌形、矩形、半圆形、不规则形。其中,半圆形 306 处、舌形 297 处、矩形 109 处、不规则形 166 处,分别占滑坡总数的 34.85%、33.83%、12.41% 和 18.91%(图 2-13)。

4. 按剖面形态分类

按剖面形态划分,区内堆积层滑坡主要有凸形、凹形、直线形、阶梯形、复合形。其中,凸形 228 处、凹形 178 处、直线形 113 处、阶梯形 318 处、复合形 41 处,分别占滑坡总数的 25.97%、20.27%、12.87%、36.22%、4.67%(图 2-14)。

图 2-13　鄂东北滑坡平面形态统计饼状图　　图 2-14　鄂东北滑坡剖面形态统计饼状图

5. 按运动形式分类

按运动形式划分,区内堆积层滑坡大部分为牵引式,共 699 处,占滑坡总数的 79.61%,推移式 126 处,复合式 53 处(图 2-15)。

6. 按稳定性现状分类

现状条件下,区内滑坡处于基本稳定状态的有 460 处,占堆积层滑坡总数 52.39%;稳定 252 处,占堆积层滑坡总数 28.70%;不稳定 166 处,占堆积层滑坡总数 18.91%。这表明工作区内滑坡目前多处于相对稳定状态(图 2-16)。

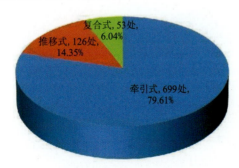 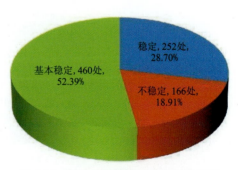

图 2-15　鄂东北滑坡运动形式统计饼状图　　图 2-16　鄂东北滑坡稳定性统计饼状图

第三章　堆积层滑坡与降雨的关系研究

第一节　堆积层滑坡与降雨量关系分析

鄂东北地处我国南方亚热带大陆性季风气候区,夏季高温多雨,地质灾害以滑坡为主。滑坡多分布于以山地丘陵地貌单元为主的中北部、东北部和以丘陵岗地地貌单元为主的东南部。特殊的气候条件和地形地貌使得该地区成为湖北省小规模、堆积层滑坡的频发区,滑坡具有点多、面广、规模小、危害大、雨灾同期等特征,降雨是诱发滑坡发生的主要外因。

鄂东北地处湖北省东部大别山南麓长江中游北岸,东经114°25′—116°8′,北纬29°45′—31°35′,市域总面积1.74万km²。区内以山地、丘陵为主(分别占总面积的34.2%和43.3%),如图3-1所示,地势总体西南低、东北高。东北部为大别山低山丘陵,海拔普遍在500~800m之间;中部为丘陵岗地,海拔为100~250m;南部为长江冲积平原,较为平坦。如图3-2所示,鄂东北地区主要包括变质岩、岩浆岩、松散土、碎屑岩和碳酸盐岩5种工程地质岩类。在空间上从东北向西南依次由岩浆岩—变质岩—松散土3类工程地质岩类组成,呈阶梯分布,碎屑岩工程地质岩类则主要分布在变质岩与松散土的过渡区间。

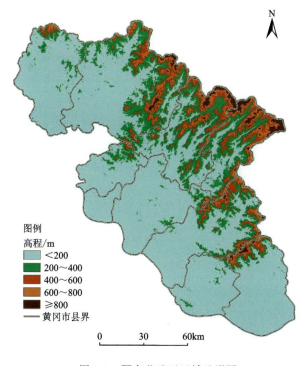

图3-1　鄂东北地区区域地形图

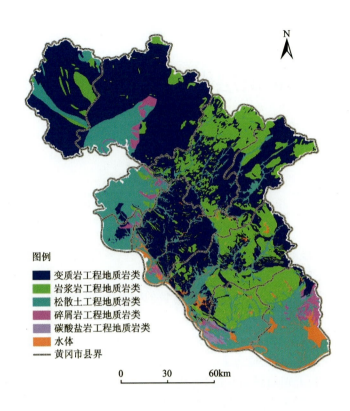

图 3-2　鄂东北地区工程岩组分布图

一、堆积层滑坡与降雨量关系

(一)历年滑坡灾害与降雨关系

滑坡的发生与降雨雨型,即降雨历时、降雨强度和降雨量都有着密切关系。相关研究对我国某些地区特定时期的突发性地质灾害统计分类结果表明,连续降雨和暴雨对地质灾害影响较大,持续性降雨诱发的地质灾害占总数的65%,而局部暴雨诱发量约占43%。通过统计分析2011—2020年黄冈市238个气象观测站雨量数据资料发现,鄂东北地区降雨雨型分为持续强降雨和局地暴雨两种。从10年平均年降雨量分布(图3-3)可以看出,鄂东北地区中东部地区年降雨量较高,向西北地区和东南地区逐渐减少。分析本次收集的近10年年降雨量、月降雨量与滑坡灾害的关系可以发现,鄂东北地区历年均有一些滑坡灾害,且灾害数量与降雨量紧密相关。

1. 年降雨量与滑坡关系

从2011—2020年年降雨量与滑坡灾害关系(图3-4)可以看出:

(1)总体上,黄冈地区滑坡灾害与降雨有很强的相关性,即灾害多发生在降雨充沛的年份,年降雨量越大,发生灾害的可能性越大,灾害数量越多。尤其在2016年,仅滑坡灾害数量就达到351处,创区内灾害历史之最。

(2)2011—2016年,随年降雨量逐年增加,滑坡灾害数量增加,2016—2019年降雨量减少,滑坡灾害

第三章　堆积层滑坡与降雨的关系研究

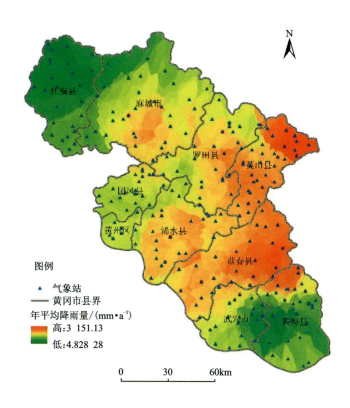

图 3-3　鄂东北地区 2011—2020 年平均年降雨量

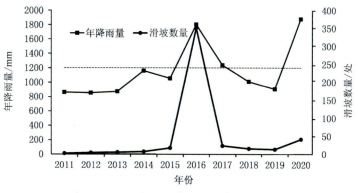

图 3-4　近 10 年滑坡数量与年降雨量关系图

数量也随之减少。

(3)降雨时间段相对集中的年份,灾害发生数量多,当年降雨量超过 1200mm 时,滑坡发生概率明显增大。

2. 月降雨量与滑坡关系

图 3-5 为 2011—2020 年 10 年的月平均降雨量与月灾害关系图,由此可以看出:

(1)黄冈地区全年降雨集中在梅雨季节和雷雨季节(6—7 月),滑坡灾害也主要发生在这段时期,灾害数量达到全年灾害总数的 91.79%。

(2)持续性的强降雨天气也容易导致滑坡灾害的发生。

(3)当月平均降雨量超过 150mm 时,滑坡数量会显著增加。

27

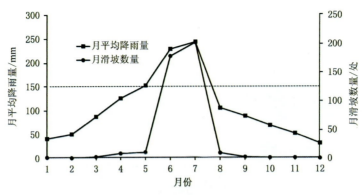

图 3-5 近 10 年月平均降雨量与月灾害滑坡数关系图

(二)2016 年滑坡灾害与降雨关系

2016 年鄂东北地区发生严重的地质灾害,涉及的范围、发生数量和灾害规模均较大,均为湖北省历史罕见。在这一年里,滑坡灾害主要集中在 6 月中下旬和 7 月上旬,共统计到各气象站附近发生的滑坡 28 处,详见表 3-1 及图 3-6 和图 3-7。其中,6 月份共统计到 7 处滑坡,多发生于强降雨当天及强降雨之后,降雨量主要集中在 0~60mm 之间;7 月份共统计到 21 处滑坡,多发生于持续强降雨后一天。7 月份的降雨强度与持续时间均强于 6 月份,降雨量主要集中在 50~150mm 之间,故 7 月份的滑坡无论数量、范围和规模均远远超过 6 月份的。

1. 滑坡与日降雨量关系

日降雨量对地质灾害特别是群发性滑坡灾害起主导作用,一场降雨强度越大,对应发生滑坡灾害的延后时间越短。按照降雨强度的标准,可以将降雨分为小雨、中雨、大雨、暴雨、大暴雨和特大暴雨 6 个等级,其对应的降雨强度分别为 (0,10)mm/d、[10,25)mm/d、[25,50)mm/d、[50,100)mm/d、[100,250)mm/d 和 [250,∞)mm/d。对区内 28 处(表 3-1)因降雨诱发的滑坡灾害与当日降雨量进行统计分析,由结果可知,有 96.43% 的滑坡灾害发生当日有降雨,说明降雨对滑坡灾害的产生有直接控制影响。有 71.43% 的滑坡灾害发生当天降雨强度达到暴雨及以上,由此可以看出滑坡灾害的发生与强降雨关系十分密切。

表 3-1 2016 年黄冈市滑坡灾害发生前周边气象站连续降雨情况统计表

地域范围	易发区	气象站	当日降雨量/mm	关键期降雨天数/d	关键期累计降雨量/mm	停雨天数/d	前期连续降雨天数/d	前期累计降雨量/mm	累计总降雨量/mm
武穴市	低易发区	大金水库	41.2	2	55.6	1	5	163.1	218.7
武穴市		大金水库	114.3	3	169.9	1	5	163.1	333.0
武穴市		荆竹水库	146.2	3	230.5	1	5	201.4	431.9
武穴市		荆竹水库	8.5	7	353.6	1	5	276.8	630.4
武穴市		西畈村	19.5	5	205.2	1	5	166.4	371.6
团风县	中易发区	杜皮	82.4	2	221.6	1	5	131.5	353.1
团风县		林家桥四组	51.6	2	72	16	3	16.8	88.8
团风县		李家大湾	80.2	2	275.6	1	5	178.2	453.8

续表 3-1

地域范围	易发区	气象站	当日降雨量/mm	关键期降雨天数/d	关键期累计降雨量/mm	停雨天数/d	前期连续降雨天数/d	前期累计降雨量/mm	累计总降雨量/mm
团风县		贾庙	113.7	2	258.8	1	5	178.7	437.5
蕲春县		龙泉花海	61.4	2	64	2	1	38.9	102.9
红安县	中易发区	李家站	119.1	3	338	1	5	329.2	667.2
浠水县		策湖	0	0	0	19	2	51.1	51.1
浠水县		兰溪	88.9	1	88.9	4	1	18.9	107.8
罗田县		王烈湾	52.8	2	65.3	1	2	20.1	85.4
罗田县		东冲河	23	2	120.9	7	3	73	193.9
罗田县		三里畈	125.8	2	238.8	1	5	239.2	478
罗田县		大崎	119.1	2	250.5	1	5	164.1	414.6
麻城市		黄土岗	251.7	2	352.6	1	6	158.4	511
麻城市		大快地	96.4	2	338.1	1	6	338.2	676.3
麻城市	高易发区	茶铺站	139.4	8	482.4	2	4	197.1	679.5
麻城市		福田河	4.6	5	162.8	1	4	46.3	209.1
麻城市		福田河	75.9	2	188.5	2	5	209.1	397.6
英山县		国营长冲茶场	100.1	2	176.2	1	5	438.8	615
英山县		东汤河	70.8	1	70.8	1	5	294	364.8
英山县		杨柳	107.5	2	185.5	1	5	252.1	437.6
英山县		四口冲	32.3	5	297.8	1	5	285.3	583.1
英山县		长冲水库	61.3	5	228.7	1	2	10.6	239.3
英山县		河口	2	4	181.6	7	3	71.4	253

注：表中关键期降雨天数指滑坡发生前的连续降雨天数；前期连续降雨天数指在关键期前暂停过一次降雨，暂停之前的连续降雨天数；累计总降雨量指关键期累计降雨量与前期累计降雨量之和。

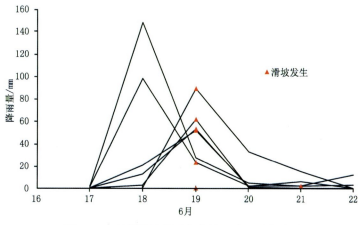

图 3-6 6 月份滑坡附近气象站日降雨量统计图

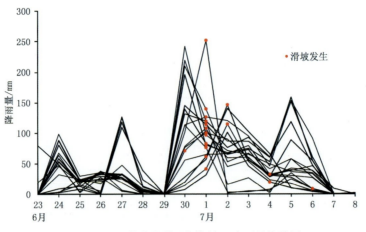

图 3-7　7月份滑坡附近气象站日降雨量统计图

2. 滑坡与前期降雨天数关系

有 53.57% 的滑坡发生在 8～9d 持续降雨之后（期间有过 1d 短暂的停雨），累计降雨量在 75～680mm 之间不等，主要集中在 435mm 左右。其中，前期降雨阶段发生在停雨前，主要有 5d 连续降雨，该阶段长时间的降雨使得土体吸水饱和、软化，自重增加、下滑力增大，坡体整体稳定性降低，起到孕育滑坡的作用；而后 1d 短暂的停雨期，延缓了大部分滑坡的发生，使得在 7 月份发生的滑坡灾害表现出滞后的特点；在经历 "6·30" 又一轮大暴雨之后，持续的雨水渗透和地表水流的冲刷对土体产生了切割作用，土体内部孔隙增大，滑带土的抗剪强度减小，最终于 7 月 1 日触发了大规模、群体性滑坡的发生。而这两天累计降雨量在 170～350mm 之间，平均累计降雨量 235mm，成为触发该批次滑坡发生的关键。

三、贡献率分析与分区

（一）影响因素对堆积层滑坡数量贡献率分析

贡献率分析法最早用于经济效益的评价，其原理是通过统计方法分析各影响因素对经济增长的贡献程度。使用该方法从统计角度可定量评价区域性降雨型滑坡的各影响因素贡献程度，且能够反映各影响因素与滑坡数量贡献率之间的内在联系。

根据鄂东北地区 585 处滑坡灾害点数据资料，定量评价月平均降雨量（6月、7月平均值）、工程地质岩类和地形坡度 3 个因素与降雨型滑坡数量之间的关系。各降雨型滑坡影响因子区间（类）的滑坡数量贡献率计算公式为

$$Q_i(m) = O_i(m)/N_k \tag{3-1}$$

式中，m 为降雨型滑坡影响因子集，$m \in (a_j、b_j、c_j)$，其中，a_j 为不同月平均降雨量区间，b_j 为不同工程地质岩土类型，c_j 为不同地形坡度区间；$O_i(m)$ 为各降雨型滑坡影响因子区间（类）的滑坡数量；$Q_i(m)$ 为各降雨型滑坡影响因子区间（类）的滑坡数量贡献率；N_k 为降雨型滑坡总数。

1. 月平均降雨量

依据不同月平均降雨量区间与降雨型滑坡数量统计结果（表 3-2），得到不同月平均降雨量区间与降雨型滑坡数量贡献率关系曲线 [图 3-8(a)]。

表 3-2　鄂东北月平均降雨量区间与降雨型滑坡数量统计表

月平均降雨量区间	月平均降雨量范围/mm	降雨型滑坡数量/处
a_1	(0,120]	0
a_2	(120,240]	198
a_3	(240,360]	385
a_4	(360,480]	1
a_5	(480,600]	1

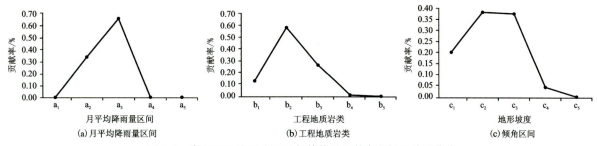

图 3-8　降雨型滑坡影响因子与其数量贡献率之间的关系曲线

不同月平均降雨量区间降雨型滑坡数量贡献率可用以下不等式表示：

$$Q_1(a_3) > Q_1(a_2) > Q_1(a_4) = Q_1(a_5) > Q_1(a_1) \tag{3-2}$$

式中，$Q_1(a_1) \cdots Q_1(a_5)$ 分别为不同月平均降雨量区间降雨型滑坡数量贡献率。

由表 3-2 和图 3-8(a) 可知，当 6 月、7 月的月平均降雨量为 (240mm,360mm] 时，月平均降雨量的降雨型滑坡数量贡献率最大，易发生降雨型滑坡灾害。

2. 工程地质岩类

依据不同工程地质岩类与降雨型滑坡数量统计结果（表 3-3），得到不同工程地质岩类与降雨型滑坡数量贡献率关系曲线[图 3-8(b)]。

不同工程地质岩类降雨型滑坡数量贡献率可用以下不等式表示：

$$Q_1(b_2) > Q_1(b_3) > Q_1(b_1) > Q_1(b_4) > Q_1(b_5) \tag{3-3}$$

式中，$Q_1(b_1) \cdots Q_1(b_5)$ 分别为不同工程地质岩类降雨型滑坡数量贡献率。

由表 3-3 和图 3-8(b) 可知，当工程地质岩类为变质岩时，工程地质岩类的降雨型滑坡数量贡献率最大。变质岩完整性较好，与坡体表面松散土之间存在明显的分层，且降雨时雨水不易下渗，只能在层间流动，使表层土体逐渐剥离，破坏土体整体稳定性，故极易诱发降雨型浅层滑坡。

表 3-3　鄂东北不同工程地质岩类与降雨型滑坡数量统计表

工程地质岩土类符号	工程地质岩类	降雨型滑坡数量/处
b_1	松散土	78
b_2	变质岩	339
b_3	岩浆岩	156
b_4	碎屑岩	9
b_5	碳酸盐岩	3

3. 地形坡度

依据不同地形坡度与降雨型滑坡数量统计结果(表3-4),得到不同地形坡度与降雨型滑坡数量贡献率关系曲线[图3-8(c)]。

表3-4 地形坡度倾角区间划分表

地形坡度倾角区间	倾角范围/(°)	降雨型滑坡数量/处
c_1	[0,8)	118
c_2	[8,15)	221
c_3	[15,25)	217
c_4	[25,35)	27
c_5	[35,90]	2

不同地形坡度降雨型滑坡数量贡献率可用以下不等式表示:

$$Q_1(c_2) > Q_1(c_3) > Q_1(c_1) > Q_1(c_4) > Q_1(c_5) \tag{3-4}$$

式中,$Q_1(c_1) \cdots Q_1(c_5)$ 分别为不同地形坡度降雨型滑坡数量贡献率。

由表3-4和图3-8(c)可知,当地形坡度为[8°,15°)时,地形坡度的降雨型滑坡数量贡献率最大;地形坡度为[15°,25°)时,贡献率次之,这表明地形坡度在[8°,25°)之间时,降雨型滑坡的发生概率对地形坡度最为敏感。当地形坡度≥25°时,滑坡数量骤减,这表明黄冈地区降雨型滑坡易在地形坡度较小的情况下发生。

(二)降雨型滑坡分区

通过影响因素对堆积层滑坡数量贡献率的分析,分别计算出了鄂东北地区月平均降雨量、工程地质岩类和地形坡度对降雨型滑坡数量的贡献率,利用ArcGIS平台可得到各因素贡献率大小在空间上的分布情况。从月平均降雨量贡献率空间分布图(图3-9)可以发现,贡献率最大的月平均降雨量区间(240mm,360mm]主要分布在麻城、罗田、英山和浠水大部分地区,贡献率偏小的月平均降雨量区间(120mm,240mm]主要分布在红安、团风、黄州、蕲春、武穴和黄梅;从坡度贡献率空间分布图(图3-10)可以发现,贡献率最大的坡度区间[8°,25°)主要分布在罗田、英山、红安大部分地区、团风大部分地区、麻城大部分地区和蕲春大部分地区,贡献率偏小的坡度区间[0°,8°)主要分布在黄梅、武穴、黄州和浠水;从工程地质岩类贡献率空间分布图(图3-11)可以发现,贡献率最大的变质岩工程地质岩类主要分布在英山、浠水、麻城、红安大部分地区和罗田大部分地区,贡献率偏小的岩浆岩主要分布在武穴大部分地区和蕲春大部分地区。

利用ArcGIS的重分类功能对工作区各影响因子贡献率区间进行赋值,得到单因子图层,然后基于ArcGIS空间叠加功能对单因子图层进行权重叠加,得到多因子图层,最后运用自然间断法进行图层叠加,可将黄冈地区降雨型滑坡划分为低易发区、中易发区和高易发区3个区域(图3-12),各区的特征如下(表3-5):

(1)高易发区主要分布在罗田县、英山县和麻城市3个区域,其月平均降雨量区间为(240mm,360mm],坡度区间为[8°,25°),工程地质岩类为变质岩和岩浆岩。

(2)中易发区主要分布在红安县、浠水县、团风县和蕲春县4个区域,其变质岩或岩浆岩的工程地质岩类为主控因素,坡度区间为[0°,8°),月平均降雨量区间为(120mm,240mm]。

(3)低易发区主要分布在黄梅县、武穴市和黄州区3个区域,其月平均降雨量区间为(120mm,240mm],坡度区间为[0°,8°),工程地质岩组为碎屑岩、松散土和碳酸盐岩。

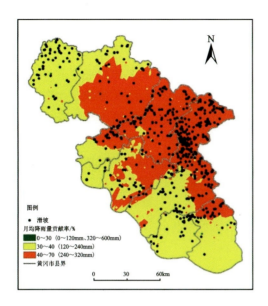

图 3-9 月平均降雨量贡献率空间分布图

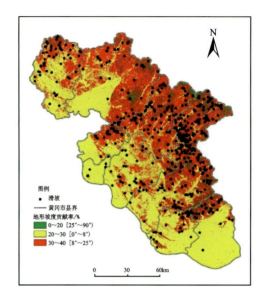

图 3-10 地形坡度贡献率空间分布图

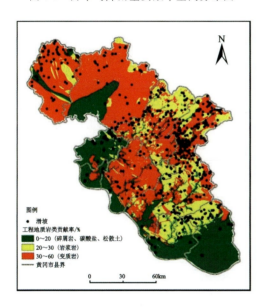

图 3-11 工程地质岩类贡献率空间分布图

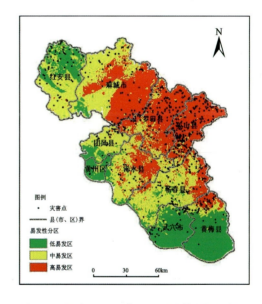

图 3-12 鄂东北地区降雨型滑坡易发性区划图

表 3-5 各易发性分区对应特征表

影响因素	易发性分区		
	高易发区	中易发区	低易发区
分布地区	罗田县、英山县、麻城市	红安县、团风县、浠水县、蕲春县	黄梅县、武穴市、黄州区
月平均降雨量区间/mm	(240,360]	(120,240]	(120,240]
工程地质岩组	变质岩、岩浆岩	变质岩、岩浆岩	碎屑岩、松散土、碳酸盐岩
地形坡度区间/(°)	[8,25)	[0,8)	[0,8)

三、易发区雨量阈值分析

根据堆积层滑坡分区所对应的滑坡时具体的雨量数据(表3-1),对其求取加权平均值,得到高易发区、中易发区与低易发区发生滑坡灾害时所对应的雨量情况。如图3-13所示,关键期日均降雨量、前期日均降雨量和累计日均降雨量均由高易发区到中易发区再到低易发区呈逐渐减小的趋势,而累计降雨天数的变化规律则恰好相反。此外,对于高易发区,关键期日均降雨量与前期日均降雨量相差较大,接近于2倍的关系,而低易发区的关键期日均降雨量与前期日均降雨量则相近。故由此可以推断,鄂东北地区堆积层滑坡高易发区的雨量特征主要表现为短时暴雨,低易发区的雨量特征表现为持续降雨,中易发区的雨量特征则介于二者之间,表现为持续强降雨。因此,在发生短时暴雨时,应加强对高易发区的滑坡监测,而对于连续多日发生强降雨或降雨时,则应重点关注中易发区与低易发区的滑坡监测。

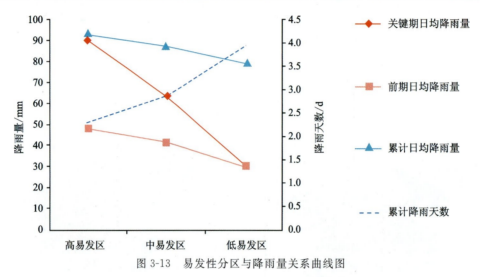

图 3-13 易发性分区与降雨量关系曲线图

基于上述分析,将关键期日均降雨量作为高易发区的雨量阈值标准,前期日均降雨量作为低易发区的雨量阈值标准,中易发区则介于二者之间。

综合区内地形地貌和地层岩性,并根据前述滑坡灾害与降雨量关系,以及由此推导出的各易发区雨量阈值标准,赋予各分区预报状态(滑坡灾害发生可能性较大,通知监测人员和威胁住户注意)、预警状态(地质灾害发生可能性大,停止作业,各岗位人员到岗待命)、警报状态(地质灾害发生可能性很大,无条件紧急疏散,密切观测)3种状态下的临界降雨量,具体滑坡灾害临界降雨量参考值见表3-6。

表3-6 鄂东北地区降雨型滑坡临界降雨量参考值表

平均值		高易发区	中易发区	低易发区
关键期日均降雨量/mm	预报	70～90	50～70	—
	预警	90～120	70～100	—
	警报	>120	>100	—
前期日均降雨量/mm	预报	—	35～45	25～35
	预警	—	45～75	35～55
	警报	—	>75	>55

注:关键期持续时间1～2d,前期持续时间3～5d。

第二节　堆积层滑坡变形特征与降雨入渗规律浅析

一、典型案例

(一)两河口村八组滑坡

1. 基本情况

2016年7月4日上午9时45分,在持续强降雨后,蕲春县大同镇两河村八组发生滑坡,两栋3层砖混楼房以及一栋平房直接被掩埋。滑坡造成蕲河水流在此转向,直接冲刷河流右侧路基,致使蕲太省际公路S205损坏约500m,威胁下游及周边1200余人的生命财产安全。滑坡区属中低山丘陵区,所处斜坡上陡下缓,区内山顶多呈微凸状,坡体平均坡度约25°,左侧发育有一自然冲沟。坡体植被发育,多为松树等乔木。滑坡发生前、后卫星影像对比见图3-14。

发生前(2015年10月)　　发生后(2016年7月)

图3-14　两河口村八组滑坡发生前后卫星影像对比图

2. 高速远程滑坡特征

我国历史上曾发生过多起高速远程滑坡-碎屑流,如甘肃东乡洒勒山滑坡(1983年)、云南昭通头寨沟滑坡(1991年)、西藏易贡扎木弄沟滑坡(2000年)、四川安县大光包滑坡(2008年)、重庆武隆鸡尾山滑坡(2009年)、贵州关岭大寨村滑坡(2010年)、四川都江堰三溪村滑坡(2013年)、深圳光明新区滑坡

(2015年)、浙江遂昌苏村崩塌滑坡(2016年)、四川茂县新磨村山体高位垮塌(2017年),西藏昌都白格特大型滑坡(2018年),上述滑坡的共同特点是速度快、滑程远、破坏性大且成因复杂。

(1) 高速。考虑山地丘陵区一般成年人的逃生速度,将碎屑流运动前锋到达或冲击人居建筑时的速度 5m/s 作为高速下限是合适的。

(2) 远程。以滑坡-碎屑流区域的前后缘高差(H)与前后缘水平距离(L)的比值进行判断,H/L 值小于 0.4 或 L/H 值大于 2.5 认为是远程。

(3) 成因机理。①崩塌滑坡。降雨引发、地下开挖、水库浸润、地震激发、工程堆载、自然演化。②碎屑流。能量转化传递、气体浮托润滑、颗粒流作用。

两河口村八组滑坡平面形态总体呈长条形(图 3-15),根据运动及堆积特征将其划分为滑源与撞击区(Ⅰ区,局部特征见图 3-16)、运移与堆积区(Ⅱ区,局部特征见图 3-17)两个区。

图 3-15 两河口村八组滑坡平面形态(无人机拍摄于 2016 年 8 月)

图 3-16 两河口村八组滑坡右侧壁垮塌(Ⅰ区后部)

图 3-17 两河口村八组滑坡叠覆堆积特征(Ⅱ区中部)

第三章 堆积层滑坡与降雨的关系研究

3. 滑坡变形特征与降雨入渗规律

1)成因分析

两河口村八组滑坡是2016年梅雨期鄂东北地区发生的一起典型滑坡。与同期因强降雨诱发的滑坡相比,它的规模更大、变形破坏更明显、运动过程和形成机理更复杂,表现出类似高速远程滑坡-碎屑流的运动及堆积特征。

2)运动特征分析

根据现场调查并结合勘察成果,滑坡区揭露的主要地层为第四系残坡积(Q^{d+dl})、滑坡堆积(Q^{del})、元古宙花岗质片麻岩(Pt_1gn^2)。主剖面ZK1～ZK7揭露滑坡地层剖面特征见图3-18。滑坡后缘高程约220m,前缘剪出口高程约150m,蕲河水面高程76m。

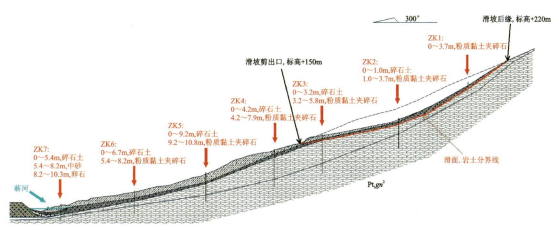

图3-18 两河口村八组滑坡工程地质剖面示意图

国内外学者提出了多种关于滑坡运动速度的分析方法,比较常用的有动量传递法、谢德格尔法、科内尔法、能量法、条分法以及数值模拟等。根据两河口村八组滑坡运动特征,选用动量传递法进行计算。

根据能量守恒定理,沿滑面下滑距离S(水平距离L)后的滑速V_s为

$$V_s = \sqrt{1 - \frac{f}{\tan\alpha} - \frac{cl}{w\sin\alpha}} \times \sqrt{2gH} \tag{3-5}$$

式中:α为滑面倾角(°);w为滑块单宽重量(kN);f、c为滑动面抗剪强度参数;H为滑体质心落差(m);l为滑块与滑动面接触面长(m)。

如不考虑c,则式(3-5)可简化为

$$V_s = \sqrt{2g(H - f \cdot l)} \tag{3-6}$$

通过计算得出滑体运动速度随滑移距离变化如图3-19所示。0～150m为加速过程,滑体运动速度在150m处达到峰值21.04m/s,在300m处减小至7.57m/s,300～385m为二次加速过程,峰值速度达到13.46m/s,然后再次减速堆积,到达蕲河岸边的前锋速度小于5m/s。

滑坡的运动特征为滑体启动沿180°方向迅速下滑,向前移动约270m遇阻并沿此处剪出。偏转约20°后,表层土体与强降雨形成的大量地表径流混合,顺斜坡沿途铲刮坡体并堆积,形成类似泥石流继续加速下滑,沿200°方向继续运动约300m,摧毁民房后在蕲河左侧停止运动,呈扇形堆积,总滑程约570m,总体积约30万m^3。滑坡-碎屑流区域的前后缘高差(H)与前后缘水平距离(L)的比值为H/L=144m/570m=0.25。

高速远程滑坡-碎屑流的运动距离大小与滑坡启动初速度呈正相关,初速度高低取决于坡体内部锁固段。结合两河口村八组滑坡工程地质特征,认为强风化片麻岩存在风化差异,致使潜在滑动面之上形

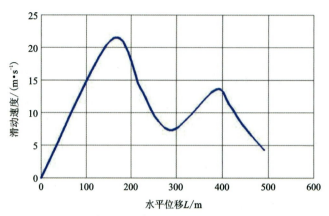

图 3-19　两河口村八组滑体运动速度随滑移距离变化示意图

成局部锁固段，其抗滑能力强于土体，弱于基岩。滑体因重力作用沿潜在滑动面存在下滑趋势，但锁固段会阻碍滑体运动，故在锁固段形成剪应力集中带。伴随剪应力集中程度不断增高，滑体沿起伏的破裂面剪切产生剪胀力，形成法向拉应力作用于锁固段。在上述几类应力综合作用下，潜在滑动面中剪应力集中程度高且强度较低的锁固段首先被剪断，随后剪应力又集中于未被剪断的锁固段，从而累进性地发展，最终导致滑动面从后往前逐渐贯通。因此，此滑坡破坏模式为推移式破坏。

3）持续强降雨影响

（1）日降雨量与滑坡相关性分析。

结合 2016 年 6 月 19 日至 2016 年 7 月 15 日的降雨资料，得出了鄂东北滑坡发生数量与当日平均降雨量之间的关系见图 3-20。

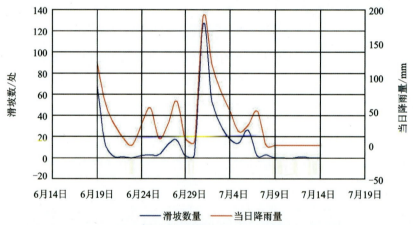

图 3-20　鄂东北当日降雨量与发生滑坡数量关系示意图

由图 3-20 可知，当日降雨量对滑坡发生的影响显著。2016 年鄂东北地区滑坡集中爆发的时间段，降雨量均处于高点，滑坡和暴雨的出现时间基本一致，滑坡的发生和当日降雨量的变化基本同步。降雨量增大，尤其是突然急剧增大，是导致滑坡爆发的重要原因。

简单相关系数计算如下：

$$r = \frac{\sum_{i=1}^{n}(X_i - \overline{X})(Y_i - \overline{Y})}{\sqrt{\sum_{i=1}^{n}(X_i - \overline{X})^2}\sqrt{\sum_{i=1}^{n}(Y_i - \overline{Y})^2}} \tag{3-7}$$

式中：X_i 为某时段降雨量（mm）；Y_i 为某时段滑坡数量（处）；$\overline{X}$ 为平均降雨量（mm）；$\overline{Y}$ 为平滑滑坡数量（处）。对简单相关系数 r 的统计检验是计算统计量 t：

第三章 堆积层滑坡与降雨的关系研究

$$t = \frac{r\sqrt{n-2}}{\sqrt{1-r^2}} \tag{3-8}$$

式中,t 服从 $(n-2)$ 个自由度的 r 分布。$r \geq 0.8$ 时,表示高度相关;$0.5 \leq r < 0.8$ 时,表示中度相关;$0.3 \leq r < 0.5$ 时,表示低度相关;当 $r < 0.3$ 时,表示变量之间的相关程度极弱,可视为不相关。

将 2016 年降雨及滑坡资料数据代入式(3-7)与式(3-8),计算结果详见表 3-7,表中相关系数已通过了显著性检验。滑坡与强降雨的出现基本一致。经计算两者的简单相关性系数发现,降雨量越大,当日降雨量和当日发生的滑坡之间的相关性越好。当日降雨量达到 50mm/d 以上时,当日降雨量与滑坡数量高度相关,相关系数达到了 0.78 以上。

表 3-7 当日降雨量与滑坡数量的相关关系表

降雨强度/(mm·d⁻¹)	0~10	10~25	25~50	50~100	50~100
相关系数 r	0.323	0.434	0.668	0.784	0.945

(2)GeoStudio(SEEP/SIGMA)模拟降雨诱发滑坡。

为模拟持续降雨对滑源区的影响,采用二维平面进行计算,选取主剖面作为计算剖面,建立高 170m、宽约 530m 的模型,划分 5 个区域,如图 3-21 所示。

1、2、3 区为第四系残坡积物,主要物质成分为粉质黏土夹碎石,4 区为强风化花岗质片麻岩,5 区为下伏中风化片麻岩,计算时将 4 区和 5 区简化为基岩(不滑动层),2 区为本次滑坡初始滑动区域,参数取值见表 3-8。

表 3-8 两河口村八组滑坡岩土体主要物理力学参数表

岩性	弹性模量/MPa	泊松比	内聚力/kPa	内摩擦角/(°)
碎石土	20	0.33	24	15
强风化	2000	0.18	110	30
中风化	2600	0.18	2000	32

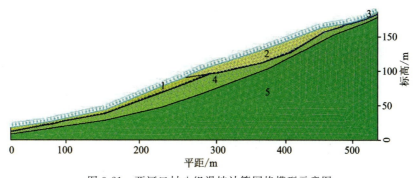

图 3-21 两河口村八组滑坡计算网格模型示意图

2016 年 6 月 19 日至 2016 年 7 月 4 日,大同镇累计最大降雨量达 944mm,最大日降雨量达 456mm/d,极端小时降雨强度达 114mm/h。两河口村八组滑坡发生前,最近一轮降雨于 7 月 1 日开始,直至 7 月 4 日滑坡发生,故最大数值模拟计算时长设置为 3d。从零降雨强度到最大小时降雨强度,总共选取了 3 个节点:天然状态下(0mm/h)、小时平均降雨强度(2.45mm/h)、最大小时降雨强度(114mm/h),分别进行 3 种工况下持续降雨对滑坡数量的数值模拟研究。

渗流场模拟:①天然无降雨状态下(0mm/h)。②初始时刻坡体内孔隙水压力等值线基本与坡面平行(图 3-22)。②小时平均降雨强度(2.45mm/h),最大计算时长为 3d。与初始状态相比,达到 3d 时,降雨对坡体渗流场的影响较小,地下水水位仍然没有很大的变化(图 3-23)。③最大小时降雨强度(114mm/h)。在极端降雨(114mm/h)情况下,孔隙水压力等值线抬升明显,尤其是在坡体后缘,孔隙水压力迅速升高,率先形成饱和区(图 3-24)。

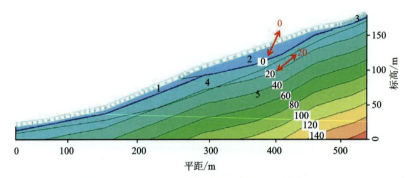

图 3-22　两河口村八组初始孔隙水压力等值线图

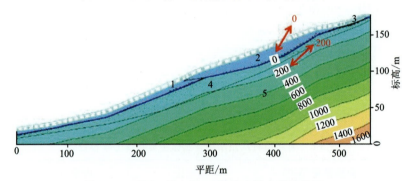

图 3-23　两河口村八组 3d 孔隙水压力等值线图

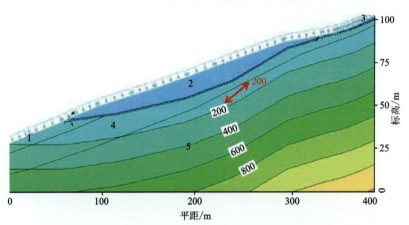

图 3-24　两河口村八组 0.83h 孔隙水压力等值线图

降雨开始主要对坡体表面渗流影响较大,坡体表层孔隙水压力对降雨最敏感,在坡脚和坡体后缘率先形成零星饱和区。伴随降雨时间继续增加,坡体表面不同位置陆续出现饱和区,并且不断扩大,扩展形式主要表现为沿坡面横向扩展。坡脚和坡体后缘由于排水不畅形成相对高水头区。

渗流场、应力场耦合模拟:①日平均降雨强度(2.45mm/h)。随着降雨时间增加,第 10h 坡体后壁处最大剪应变仍然没有出现明显的增加,渗流场和应力场变化缓慢(图 3-25)。②最大小时降雨强度(114mm/h)。当降雨强度为 114mm/h 时,坡体沿滑动面出现了塑性区,并且沿滑动面向两侧扩展,在第 7521s 时,坡体表层大部分达到了屈服状态(图 3-26)。

持续强降雨作用下坡体渗流-应力场的耦合结果显示,持续强降雨导致坡体内部孔隙水压力不断升高,在坡体后壁处形成了最大剪应力区。最大剪应力等值线与坡面接近平行,并伴随降雨时间的增加朝两侧不断扩展。由于高程的放大效应,在坡面形成了最大位移区。从降雨的整个过程来看,坡体后缘率先出现较大的剪应变,随后沿滑动面向两侧扩展,进一步验证两河口村八组滑坡破坏模式为推移式破坏。

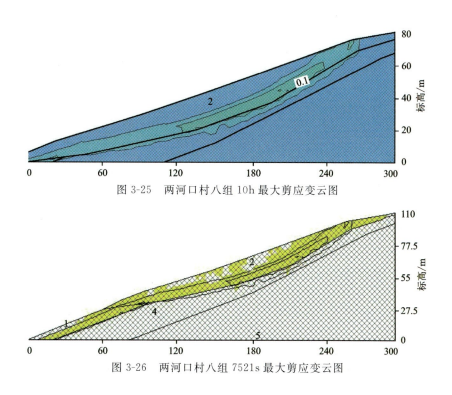

图 3-25　两河口村八组 10h 最大剪应变云图

图 3-26　两河口村八组 7521s 最大剪应变云图

2. 启动机制

基于有限元软件 Abaqus 模拟降雨诱发滑坡的启动机制,考虑Ⅰ区滑坡段启动的应力应变情况。

1）概化模型

滑坡概化如图 3-27 所示的二维地质模型,模型长(x)600m,高(z)330m,由基岩和覆盖层组成,初始地下水水位如图中黄色实线所示。根据该地区降雨观测数据,降雨量采用该地区最大降雨量,即短期暴雨工况,本次模拟时长为 12h。

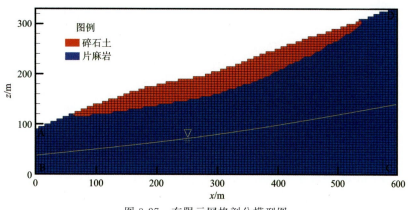

图 3-27　有限元网格剖分模型图

2）参数取值

根据室内外试验资料和相似工程中收集的资料,该滑坡模型渗流、力学参数如表 3-9 所示。

表 3-9　滑坡模型主要渗流和力学参数表

岩性	力学参数				渗流参数	
	E/GPa	γ_d/(kN·m^{-3})	c/kPa	φ/(°)	K_s/(m·h^{-1})	α/m^{-1}
碎石土	0.01	18	25	16	0.144	0.1
片麻岩	2	27	100	35	0.004 68	2

注：E 为弹性模量；γ_d 为干重度；c 为黏聚力；φ 为内摩擦角；K_s 为饱和渗流系数；α 为进气值。

3) 结果分析

由图 3-28、图 3-29 的塑性区发展过程可知，滑坡首先从后缘开始形成塑性区，然后逐步向前缘贯通，最终形成完整滑动面。在降雨入渗过程中表层岩土体逐渐达到饱和，增大了坡体的孔隙水压力，相应的基质吸力迅速减小。与此同时，地下水的入渗加大岩土体的重度，加速坡体的变形，致使后缘坡体的潜在滑动面逐渐贯通。

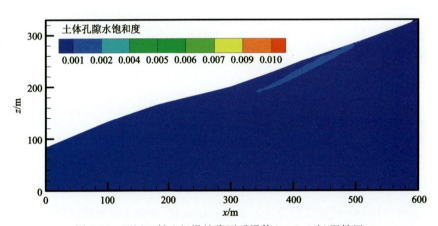

图 3-28　两河口村八组滑坡降雨后滑体 ($t=0.01$h) 塑性区

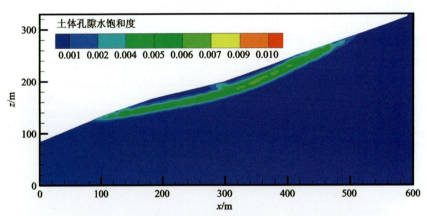

图 3-29　两河口村八组滑坡降雨后滑体 ($t=12$h) 塑性区

由图 3-30、图 3-31 可知，滑坡水平位移的最大水平位移量值分布在滑体中后部。

通过有限元软件 Abaqus 模拟可知，持续强降雨导致滑源区表层岩土体逐渐饱和，土体基质吸力迅速减小，坡体后缘表层产生微裂隙和拉裂缝，进一步加大降雨入渗量，坡体孔隙水压力增大，坡体等效抗剪强度降低，变形加速，致使后缘潜在滑动面逐渐贯通，坡体产生向下移动的趋势。前缘锁固段承受的剪应力逐渐增大，发生脆性断裂，滑动面完全贯通，产生推移式破坏。

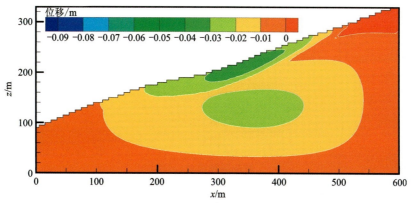

图 3-30　两河口村八组滑坡降雨后滑体($t=0.01$h)位移场

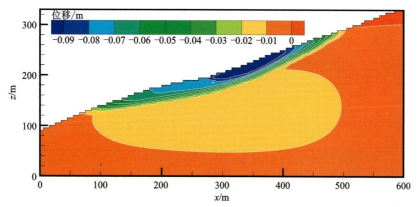

图 3-31　两河口村八组滑坡降雨后滑体($t=12$h)位移场

3. 运移特征

基于颗粒流离散元 PFC 2D 模拟滑坡运动过程(启动、滑动、停止)。

1）建立模型

利用 CAD 导入 Geometry 的方法在软件内分组建立滑床与滑体的几何边界,并通过在不同分组 Geometry 内生成球形颗粒的方法建立滑坡物质结构(图 3-32)。

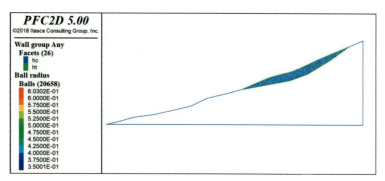

图 3-32　两河口村八组滑坡分析模型图

2）本构设置与参数赋值

在参数标定的过程中发现,当考虑降雨对土体强度的软化作用,土体细观参数中的黏结强度有所降低,可通过设置不同细观参数(如黏结强度、模量等)来体现降雨对坡体稳定性与解体破碎程度的影响,本次细观参数赋值考虑持续强降雨的影响。采用"Wall"来模拟滑面,模型采用的细观参数见表 3-10,赋参数后分析模型见图 3-33。

表 3-10 细观参数赋值表

接触模型	参数类型	数值
颗粒单元	最小粒径(m)	0.35
	最大粒径(m)	0.45
	颗粒密度(kg·m^{-3})	2650
	阻尼比	0.3
线性接触模型	颗粒接触模量(MPa)	10
	颗粒法切向刚度比	1.0
	颗粒摩擦系数	0.5
线性平行黏结接触模型	平行黏结模量(MPa)	10
	平行黏结法向强度(MPa)	0.5
	平行黏结切向强度(MPa)	0.5
	平行黏结法切向刚度比	1.0
	黏结半径乘子	1.0

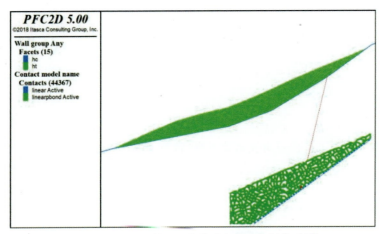

图 3-33 两河口村八组滑坡赋参数后分析模型图

3)运动全过程模拟分析

(1)滑坡启动。模型运行至 10 000 步时,后缘表层产生微裂隙和张拉裂缝,坡体潜在滑动面逐渐贯通,后部坡体在自重作用下开始向前滑移并挤压中后部,致使中后部坡体碰撞破碎,产生微裂隙。前缘锁固段承受的剪应力逐渐增大,并发生脆性断裂,前部坡体开始顺剪出口处剪出滑移,滑动面完全贯通,坡体失稳滑移(图 3-34)。

(2)滑体运动。模型运行至 35 000 步时,整个滑体在滑动过程中碰撞解体明显,图中 Fragment 表示滑体滑动过程中碰撞形成的碎块。中部滑体多破碎成小块状,后部滑体整体呈块状挤压中前部坡体,并顺滑面向前滑移。前部滑体在中后部推力作用下,发生脆性断裂,分裂成多个块体,并逐渐向前滑移(图 3-35)。

(3)堆积停止。模型运行至 150 000 步时,滑体前后、各层岩土体之间产生相互碰撞、挤压、能量传递,致使滑体更加破碎。由图 3-36 揭示的大块状滑体数量明显减少可知,在坡体整体滑移中,各滑块间相互碰撞挤压,逐渐解体成碎块状土体,其运动形式由之前的整体状、块状滑移,转为碎屑流运动,最终堆积停止于坡体前部并堵塞蕲河。

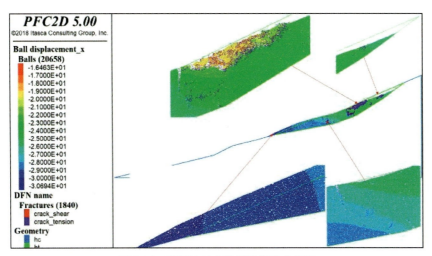

图 3-34　两河口村八组滑坡启动分析图

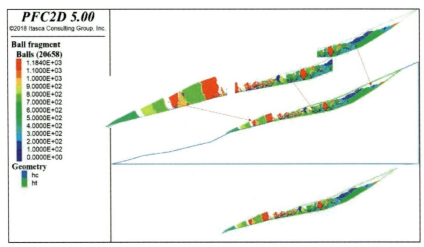

图 3-35　两河口村八组滑体运动解体图

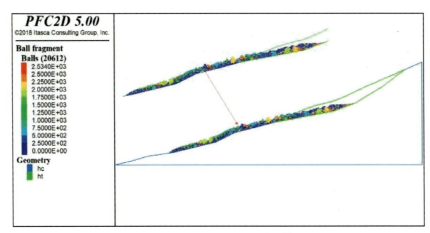

图 3-36　两河口村八组滑坡堆积停止图

由颗粒流离散元(PFC 2D)模型分析可知,两河口村八组滑坡运动全过程可以划分为滑坡启动→加速下滑→碰撞解体→碎屑流运动→冲毁房屋→减速堆积→流入蕲河。

(二) 黑石头村三组滑坡

1. 基本情况

黑石头村三组滑坡位于湖北省黄冈市英山县温泉镇黑石头村三组,于2020年7月3日发生滑动,堆积体冲毁前缘林地、农田,堵塞了坡脚的河流,造成直接经济损失10万元,并持续威胁下方住户(图3-37)。滑坡后缘高程335m,前缘剪出口高程130m,相对高差100m,滑动区长180m,宽约80m;表层松散物质厚约7m,体积约173 600m³,主滑方向为345°;刮铲区长约100m、宽约40m,表层物质厚3～5m不等(图3-38)。黑石头村三组一带属构造侵蚀丘陵区,区内地形较复杂,斜坡、边坡分布较广,自然坡度在30°左右,该坡体前缓后陡,陡峭处坡度达38°。区内基岩为强风化片麻岩,呈破碎块状。坡体饱水后自重加大,易发生变形垮塌。强风化片麻岩渗水性强,坡面的汇水都随基岩面、裂隙面下渗,并在强中风化界面汇集流动,滑动面在长期水流的冲刷下逐渐贯通,同时地下水使此处物质软化,孔隙水压力增加,有效应力和摩阻力降低,最终造成坡体滑动。

图3-37 黑石头村三组滑坡全貌图

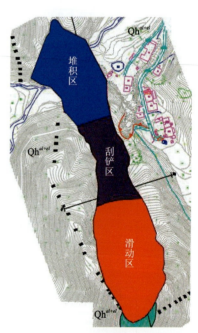

图3-38 黑石头村三组滑坡工程地质平面图

2. 变形特征与降雨入渗规律浅析

1)渗流计算模型

为了便于模型计算,截取滑坡滑动区建立边坡数值模型。该模型最上层为粉质黏土夹碎石,中层为强风化片麻岩,下层为弱风化片麻岩,模型表面降雨边界主要根据降雨开始到滑坡发生滑动时的降雨情况设定(图3-39)。

2)渗流计算参数

采用GeoStudio中的Seep/W模块进行滑坡渗流模拟。滑体饱和体积含水率为0.4m³·m⁻³,饱和渗透系数设为1.0×10^{-6}m/s,以此确定滑坡体积含水率函数及水力传导函数,进而得到土水特征曲线(图3-40)。

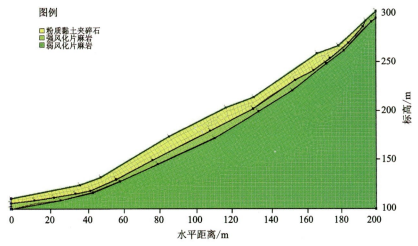

图 3-39　黑石头村三组滑坡计算模型

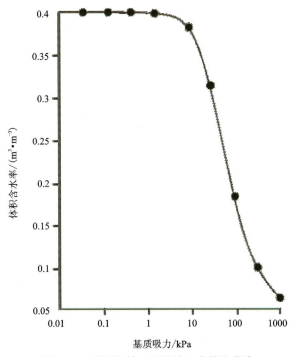

图 3-40　黑石头村三组滑坡土水特性曲线

3）渗流初始条件及边界条件

根据现场勘查结果，地下水水位较深，计算时可暂不考虑地下水的影响。根据当地雨量监测结果，该滑坡发生时降雨量可达 100m/h，滑坡于 4h 之后发生滑动。因此，降雨天数设定为 0.04d、0.08d、0.12d、0.16d、0.2d。

4）渗流计算结果分析

根据实际情况分析，该处滑坡是强降雨出现 4h 后，发生滑动。首先运用 GeoStudio SEEP/W 模块对边坡开展渗透模拟，以边坡稳态作为瞬态模拟初始条件，坡体表面设定单位流量，模拟时间 4h。

取 0.04d、0.16d、0.20d 的体积含水率等值线云图（图 3-41），研究降雨入渗速率及体积含水率随降雨时长增加的变化规律。

从图 3-41 中可看出，随着降雨时长的增加，土体体积含水率也随之增加，其中坡顶与剪出口处土体体积含水率较坡体中部增长快，坡体中部体积含水率等值线与坡面近似平行。同时，雨水入渗速度矢量

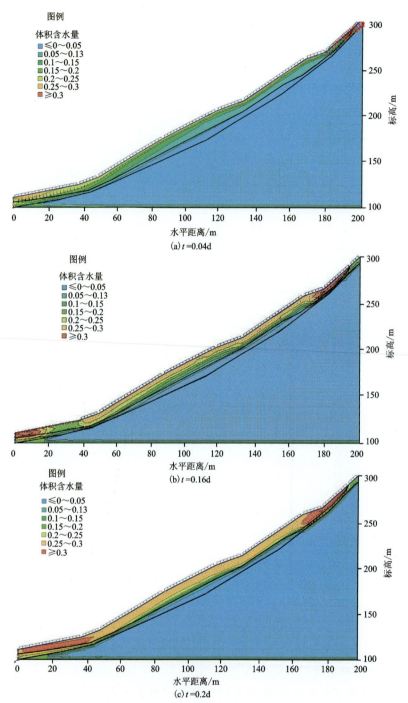

图 3-41 黑石头村三组滑坡不同降雨时长边坡体积含水率等值线云图

显示,坡顶及坡脚处雨水入渗速率较大,原因是坡顶处因长期变形出现裂缝,加快了该处雨水入渗,进而导致该处土体体积含水率增长较快,雨水入渗到滑面软化滑带,形成贯通的滑动面;剪出口处较坡体其他区域坡度较缓,利于雨水入渗,使坡脚软化;坡体中部坡度较大,使得雨水渗入量较少,但由于该区域第四系覆盖物厚,雨水入渗深度较坡顶坡脚大。

图 3-42 为黑石头村三组滑坡坡顶体积含水率随时间变化曲线图,从图中可看出低体积含水率增长速度相对较为稳定,而高体积含水率出现后增长较为缓慢。这表明表层土体达到饱和后,渗透性能下降,同时,由于岩土分界面的存在,部分水顺分界面向下流动,垂直向坡体内部入渗速度降低。

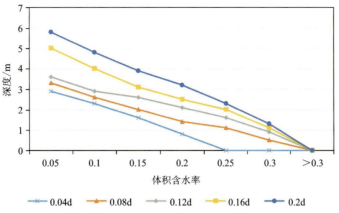

图 3-42　黑石头村三组滑坡坡顶体积含水率随时间变化曲线图

图 3-43 为黑石头村三组滑坡坡体中部体积含水率随时间变化曲线图。滑坡中部覆盖层较厚,同一种介质中降雨入渗速度相对较为稳定。因此,在降雨 0.04d 时,湿润锋下降速度较大,后期降雨湿润锋基本保持在同一位置,同时,随着降雨时长的增加,雨水入渗量增多,各深度体积含水率也随之增加。从线条整体变化区域可看出,前期湿润锋下降速度快,土体体积含水率较低,但随着降雨量的增加,湿润锋基本停止下降,反而使已湿润土体趋向于饱和。这是由于土体初始含水率较低,降雨入渗到坡体中,毛细负压与重力共同使雨水下渗,此时入渗能力最强。随着降雨时长的增加,土体中含水率增加,毛细水梯度下降,入渗速率降低并逐渐趋于某一稳定值,因此新入渗的雨水会先使表面的土体趋于饱和。

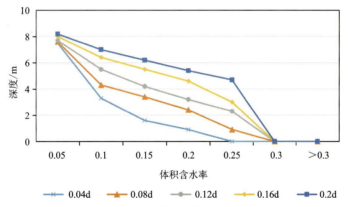

图 3-43　黑石头村三组滑坡坡体中部体积含水率随时间变化曲线图

图 3-44 为黑石头村三组滑坡坡脚体积含水率随时间变化曲线图。坡脚处地势相对较为平坦,覆盖物相对较厚,该处边界设置了透水排水边界,因此雨水短期内达到较大的渗透深度。随着降雨时长的增加,该部分汇水能力较强,雨水渗入量较大,导致相对于坡体其他区域此处中等含水率所占深度范围较大。后期随着入渗速率的下降,表面土层含水率变化较大,较深区域体积含水率变化速度较低。

在降雨瞬态分析的基础上,对边坡进行稳定计算。于坡体前缘设置剪出口范围,滑坡后缘设置后缘范围,利用 GeoStudio SLOPE/W 模块中的极限平衡法计算出各时间段边坡稳定性,结果如图 3-45 所示。降雨前期边坡稳定性系数下降速率较低,随着滑体自重的增加以及滑动面软化,边坡稳定系数下降较为迅速,最终边坡出现滑动变形。

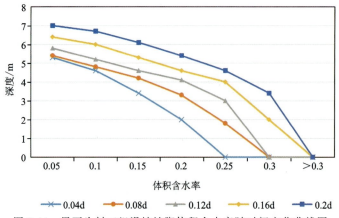

图 3-44　黑石头村三组滑坡坡脚体积含水率随时间变化曲线图

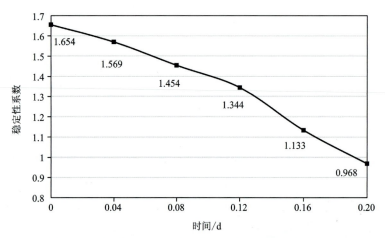

图 3-45　黑石头村三组滑坡稳定性系数随时间变化曲线图

二、降雨入渗规律浅析

1. 两河口村八组滑坡

(1) 此滑坡表现出类似高速远程滑坡-碎屑流特征，碎屑流运动前锋冲击房屋的速度小于 5m/s，前后缘高差与前后缘水平距离之比 $H/L=0.25<0.4$，运动距离达到远程，但速度未达到高速。成因机理为降雨诱发，力学特点为推移式。滑坡段运动机理为降雨引发，碎屑流段运动机理为能量转化传递，运动全过程可划分为滑坡启动→加速下滑→碰撞解体→碎屑流运动→冲毁房屋→减速堆积→流入蕲河。

(2) 降雨开始主要对坡体表面渗流影响较大，坡体表层孔隙水压力对降雨最敏感，坡脚和坡体后缘率先形成零星饱和区。伴随降雨时间继续增加，坡体表面不同位置陆续出现饱和区，并且不断扩大，其扩展形式主要表现为沿坡面的横向扩展。坡脚和坡体后缘由于排水不畅，形成相对高水头区。持续强降雨导致坡体内部孔隙水压力不断升高，在坡体后壁处形成了最大剪应力区。最大剪应力等值线与坡面接近平行，并伴随降雨时间的增加朝两侧不断扩展。由于高程的放大效应，坡面形成了最大位移区。从降雨的整个过程来看，坡体后缘率先出现较大的剪应变，随后沿滑动面向两侧扩展，进一步验证两河口村八组滑坡破坏模式为推移式破坏。

2. 黑石头村三组滑坡

（1）此滑坡属于高位滑坡，存在明显的滑动区、流通区和堆积区。通过分析滑坡地形地貌、地层岩性、水文地质等地质背景条件，该类滑坡后缘至剪出口相对高差、坡度均较大，斜坡表面覆盖较厚残坡积，同时，沟谷型地形使滑坡具有较大的汇水面积。

（2）利用 GeoStudio 软件对该滑坡进行强降雨条件下的降雨入渗模拟发现，强降雨条件下，坡脚及坡中雨水入渗深度较大，坡肩处由于存在岩土分界面，雨水入渗速度较为均衡。在强降雨条件下，滑坡稳定系数存在先缓后陡的下降区域。

第四章　堆积层滑坡物理力学特性试验研究

第一节　堆积层滑坡分布发育特征统计

一、地质环境特征统计分析

1. 地形地貌

堆积层滑坡的滑体大多为第四系松散或相对松散的堆积层,滑体的这种特有物质结构特点及沿接触面滑动破坏的特殊性决定了堆积层滑坡发育的特殊地质环境。地形地貌是形成堆积层滑坡的重要因素。本节梳理鄂东北11处堆积层滑坡勘查点的勘查结论,总结滑坡发育的地质环境特点。研究区地貌类型包括平原、垄岗、丘陵和低山,堆积层滑坡多发育在低山丘陵地貌单元,其中沿人工填土与自然堆积土接触面滑动的滑坡位于平原区(表4-1)。

表4-1　鄂东北不同接触面类型滑坡地貌分布统计表

滑坡名称	地貌类型	滑面成因类型	滑坡发生时间
蕲春县大同镇两河口村八组滑坡	低山	基覆界面	2016年7月
英山县小米畈滑坡	丘陵	基覆界面	2016年7月
麻城市大旗山滑坡	丘陵	洪积物与残积物接触面	2016年6月
浠水县福利院滑坡	垄岗	基覆界面	2016年6月
蕲春县青草坪村八组滑坡	低山	基覆界面	2016年6月
麻城市盐田河镇鲍家湾五组滑坡	丘陵	基覆界面	2016年7月
麻城市夫子河镇纸棚河村滑坡	丘陵	基覆界面	2016年7月
浠水县团陂镇大塘角滑坡	丘陵	基覆界面	2016年7月
黄州区龙王山二水厂滑坡	平原	基覆界面	2016年7月
黄冈市体育中学滑坡	平原	人工堆积与自然堆积接触面	2019年3月
罗田县戏龙庙滑坡	丘陵	基覆界面	1990年7月

斜坡地形原有的形态、产状等几何属性特征,使覆盖于其上的第四系松散土体同样具有了几何属性,接触面几何属性的不同造成了斜坡堆积体应力分布状态的差异,当这种应力大于岩土体自身强度时,斜坡就会发生变形破坏。地形地貌对堆积层滑坡接触面的影响主要表现在坡形、坡度、坡向以及接触面与临空面的相对关系上。

1) 坡形

坡形是斜坡断面上的形态，鄂东北11处堆积层滑坡勘查点的斜坡类型包括凸形、凹形、直线形、阶梯形4类，其中直线形和阶梯形一般是为了建房修路或开垦农田，在坡表人工堆积改造形成。通过统计发现，凸形斜坡和直线形斜坡更容易发生滑动，11处堆积层滑坡中有7处坡面形态为凸形和直线形（图4-1）。凸形坡的稳定性相对较差的原因在于坡体中部凸出，坡体整体变陡，坡体重力垂向分量较大，下滑力相应较大，对坡体整体的稳定性不利，容易沿坡体前缘发生剪切破坏。直线形坡一般是人为改造的结果，该类型坡体的坡后及坡前均为平地，为居民建房开垦农田所用，造成斜坡后缘荷载增大以及前缘临空，容易发生滑坡。

2) 坡度

坡度是堆积层滑坡发育的重要内在因素。斜坡坡度不仅影响了堆积体的堆积厚度，同时也影响了堆积体重力的顺坡向分力，当斜坡坡度达到一定度数后，坡体顺坡向的下滑力就会大于岩土体的抗滑力而发生滑动破坏。对于堆积层滑坡而言，斜坡的坡度一般不会大于45°，因为过陡的斜坡坡度会使堆积体无法顺利堆积，因此大于45°的斜坡坡面上少有残坡积物覆盖。前人研究得到堆积层滑坡发育的斜坡坡度范围在10°～45°之间，尤其是在25°～45°区间范围，不仅较容易堆积一定厚度的堆积体，在强降雨作用下又极易发生滑坡。为了研究不同接触面类型堆积层滑坡在坡度影响下的发育情况，对上述11个勘查点进行了分区间统计分析（图4-2），可以看出，25°～30°之间滑坡发育最多，11处滑坡中占了6处，其次是30°～35°之间。这是由于低于25°的斜坡过缓，坡体相对稳定，发生滑坡的可能性小，而大于35°的斜坡松散土体不易堆积或堆积层厚度薄，缺乏物质基础。

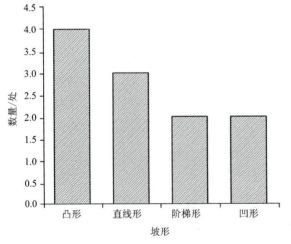

图4-1　11处堆积层滑坡沿坡形分布图　　图4-2　11处堆积层滑坡沿坡度分布图

3) 坡向

11处堆积层滑坡多发生于6—7月，受东南方向夏季风带来的暖湿气流影响，0°～180°坡向的斜坡受到降水冲击更大。统计发现，堆积层滑坡多发育在坡向0°～180°区间（图4-3），11处滑坡中占了8处。6—7月的持续性强降雨是该地区堆积层滑坡发生的主要诱发因素，鄂东北地区0°～180°坡向受雨强及降水冲击的影较大，较强的降水冲击对堆积层滑坡产生重要的影响，因此在迎向夏季风带来的暴雨作用的斜坡面发生堆积层滑坡的可能性更大。

4) 接触面与临空面

11处滑坡坡脚处均存在开挖临空面，接触面可能暴露在临空面处，最容易成为滑坡的剪出口，也有部分从高于临空面的位置剪出。对11处勘查点滑坡统计发现，共有9处滑坡是从临空面剪出，占了总数的82%，其余2处是从临空面上部剪出（图4-4）。从临空面上部剪出的两处滑坡，由于坡长较长受到地形陡缓的限制,在坡上存在应力分布较集中的区域,导致滑坡从临空面上部即堆积层内部剪出。

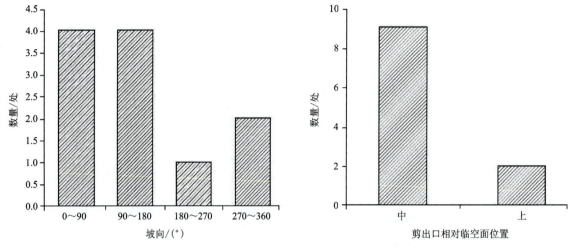

图 4-3　11 处堆积层滑坡沿坡向分布图　　　　图 4-4　11 处堆积层滑坡剪出口位置分布图

2. 地层岩性

岩土体类型是斜坡稳定的物质基础,地层岩性的差异影响了其抗风化能力和力学强度,地层岩性对斜坡稳定的影响主要表现在 3 个方面:①易滑地层容易风化,会形成较厚的堆积层,为滑坡的形成提供物质基础,堆积层坡体结构松散,透水性好,物理力学性质较差,在水的作用下容易发生变形破坏;②易滑地层中容易形成软弱结构面,这些软弱结构面包括堆积层层内结构面、堆积层与基岩的接触面等,其中土岩界面最容易成为斜坡失稳破坏的优势接触面;③堆积层与基岩渗透性存在明显差异,导致地下水在土岩界面富集,使岩土饱水软化强度降低,逐渐发展为潜在滑移破碎带。

对 11 处堆积层滑坡进行统计(图 4-5),其中有 9 处基岩为片麻岩类,另有两处为白垩系公安寨组砂砾岩。片麻岩类成为鄂东北地区主要易滑地层,原因在于该地区出露较大面积的太古宙—元古宙大别期片麻岩类,根据所含矿物的不同又分为花岗质片麻岩、云英质片麻岩和黑云二长片麻岩,花岗质片麻岩和云英质片麻岩中石英等不易风化矿物含量较高,形成的残积物砂质含量高,相应的孔隙率高、黏聚力低,黑云二长片麻岩中暗色矿物含量较高,风化产物形成黏性土含量较高,相应的孔隙率低、黏聚力高。

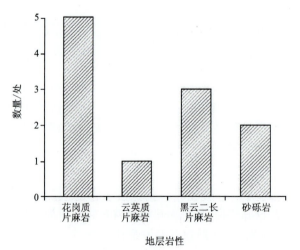

图 4-5　11 处堆积层滑坡在地层岩性的分布图

3. 地质构造

区域断裂构造范围较大,周围往往伴随有众多的小构造,沿断裂构造分布的岩体破碎较严重,岩体风化程度高,强度较低。从表 4-2 堆积层滑坡沿断层分布统计表可以看出,堆积层滑坡较多发育于逆断层周围,逆断层由于逆冲推覆往往周围形成较厚的堆积层,为堆积层滑坡形成提供了充足的物源。距离断裂带越近,受到的影响越大,11 处堆积层滑坡与断层最近的距离约 0.5km,其余距离都大于 1km,较远距离的断裂构造对斜坡岩土体变形破坏的影响较小。

表 4-2　11 处堆积层滑坡沿断层分布统计表

滑坡名称	最近断层构造	距离/km
蕲春县大同镇两河口村八组滑坡	性质不明断层	1
英山县小米畈村六组滑坡	逆断层上盘	2.5
麻城市福田河镇大旗山滑坡	性质不明断层	1.2
浠水县丁司垱镇关山福利院滑坡	逆断层上盘	3
蕲春县青草坪村八组滑坡	逆断层下盘	0.5
麻城市盐田河镇鲍家湾五组滑坡	性质不明断层	1
麻城市夫子河镇纸棚河村滑坡	性质不明断层	1
浠水县团陂镇大塘角滑坡	逆断层上盘	3
黄州区龙王山二水厂滑坡	逆断层下盘	1.5
黄冈市体育中学滑坡	逆断层下盘	1.5
罗田县戏龙庙滑坡	性质不明断层	1.2

4. 水文地质

11 处堆积层滑坡经钻孔勘探后均未发现有相对稳定的地下水水位,滑坡发育点位也无地表水出露,但堆积层滑坡的滑动均发生在强降雨条件下,降雨是触发堆积层滑坡滑动的最重要因素。对 11 处堆积层滑坡所处地区最大日降雨量进行统计,如图 4-6 所示。降雨入渗使堆积层吸水饱和,重度增加,力学强度降低,同时,降雨入渗形成瞬态的地下水渗流场,与斜坡原应力场叠加,影响了斜坡的应力应变分布状态。此外,由于接触面两侧岩土体孔隙率和渗透性的差异,入渗的地下水易在接触面处被截流形成渗流面,从而大大降低接触面的抗剪强度,导致斜坡沿接触面发生失稳破坏。土岩界面由于岩土性质差异大,往往最易形成渗流面(图 4-7、图 4-8)。因此,降雨及其入渗形成瞬态的地下水渗流场在堆积层滑坡的发育中起到了重要的作用。

二、基本特征统计分析

1. 堆积层滑坡几何要素特征

11 处堆积层滑坡中有 4 处凸形、3 处线形、2 处阶梯型和 2 处凹形,滑坡坡度在 24°～40°之间,坡高范围在 8～72m 之间,坡长范围在 12～170m 之间,厚度范围在 3～15m 之间,前缘切坡高 2～10m(表 4-3)。

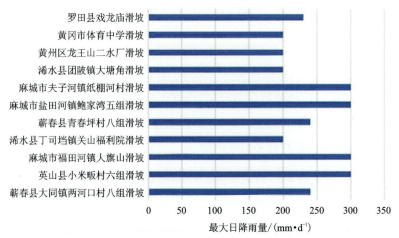

图 4-6　11 处堆积层滑坡所在地区最大日降雨量统计图

图 4-7　关山福利院滑坡前缘溢水点(2015 年调查)

图 4-8　大旗山滑坡前缘溢水点(2016 年调查)

表 4-3　11 处堆积层滑坡几何要素统计表

滑坡名称	坡形	坡度/(°)	坡高/m	坡长/m	厚度/m	切坡高/m
蕲春县大同镇两河口村八组滑坡	凸形	25	72	170	15	2
英山县小米畈村六组滑坡	凸形	35	21	40	5	4
麻城市福田河镇大旗山滑坡	凹形	25	23	30	5	10
浠水县丁司垱镇关山福利院滑坡	阶梯形	25	20	45	4	3
蕲春县青草坪村八组滑坡	凸形	26	11	25	3	3
麻城市盐田河镇鲍家湾五组滑坡	凸形	29	44	100	5	5
麻城市夫子河镇纸棚河村滑坡	阶梯形	30	20	40	3	4
浠水县团陂镇大塘角滑坡	线形	31	36	70	3	5
黄州区龙王山二水厂滑坡	线型	29	12.2	25	9	3
黄冈市体育中学滑坡	线型	40	8	12	5	5
罗田县戏龙庙滑坡	凹形	24	32	80	5	5

2. 堆积体物质组成特征

堆积体的物质由土与石混合体组成,成因包括坡积物、洪积物、残积物和人工堆填等,土石之间的组成比例决定了堆积层的结构特征,它不同于单一的土质和岩质性质,而是表现出宏观上物理力学的特殊性。土颗粒大小不同，其比表面积也会不同，从而性质就会存在很大的差异。此外，堆积层滑坡土体中黏土矿物含量对稳定性也有重要作用，研究发现堆积层滑坡多是降雨渗流作用触发滑动，而堆积体土体中黏土矿物具有亲水性，黏土矿物中的水以吸附水、层间水和结构水的形式存在，其中吸附水和层间水使降雨入渗形成的地下水滞留在土体中，增大了土体重度，黏土矿物与水的作用所产生的膨胀性、分散和凝聚性等，会降低土体的力学强度，从而降低斜坡坡体的稳定性。

对11处堆积层滑坡勘查资料统计发现，洪积物主要为碎石土。由于搬运介质为山洪，运载能力强，洪积物往往含较大的碎石，最大粒径可达0.8m，多呈棱角状，同时粒径跨度大，分选差，成分包括母岩碎块、岩石碎屑、砂等，土石比为6∶4。坡积物主要为粉质黏土和碎石土，由降雨形成的暂时性地表水搬运在坡脚处堆积形成，相对山洪运载能力较弱，因此不存在大块径碎石，往往是黏性土中含有部分母岩风化的小粒径碎石及角砾，碎石基本被黏性土紧密包裹。坡积物碎石体积含量一般为20%～30%，部分体积含量约50%，碎石粒径普遍在0.2～2cm之间，很少见大于60mm的大粒径碎石。残积物主要为砂土，由母岩剧烈风化而成，由于是原地风化，往往局部保留了原岩的构造，碎石含量为10%～20%，碎石粒径多为0.2～0.5cm。人工填土可能为粉质黏土、粉土等，物源复杂，碎石含量20%～30%，碎石粒径多为2～5cm（表4-4，图4-9，图4-10）。

表4-4 堆积层滑坡地层结构及岩性统计表

滑坡名称	地层结构	地层岩性
蕲春县大同镇两河口村八组滑坡	坡积物、基岩	碎石物、花岗质片麻岩
英山县小米畈村六组滑坡	坡积物、残积物、基岩	粉质黏土、砂土、花岗质片麻岩
麻城市福田河镇大旗山滑坡	洪积物、残积物、基岩	碎石物、砂土、花岗质片麻岩
浠水县丁司垱镇关山福利院滑坡	人工填土、残积物、基岩	粉土、砂土、花岗质片麻岩
蕲春县青草坪村八组滑坡	残积物、基岩	砂土、花岗质片麻岩
麻城市盐田河镇鲍家湾五组滑坡	坡积物、基岩	粉质黏土、黑云二长片麻岩
麻城市夫子河镇纸棚河村滑坡	坡积物、基岩	粉质黏土、黑云二长片麻岩
浠水县团陂镇大塘角滑坡	坡积物、基岩	粉质黏土、云英质片麻岩
黄州区龙王山二水厂滑坡	人工填土、冲洪积土、基岩	黏土、卵石土、砂砾岩
黄冈市体育中学滑坡	人工填土、冲洪积土、基岩	黏土、卵石土、砂砾岩
罗田县戏龙庙滑坡	坡积物、基岩	粉质黏土、黑云二长片麻岩

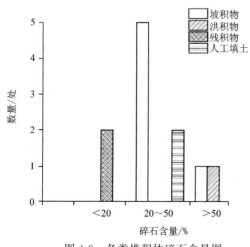

图4-9 各类堆积体碎石含量图

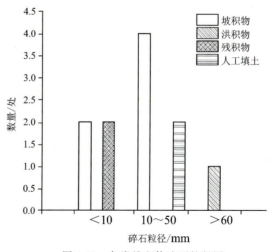

图4-10 各类堆积体碎石粒径图

3. 堆积体物理性质

堆积体物质成分复杂,主要为粉质黏土夹碎石、碎石土、砂土和含砂粉土,堆积体物质组成差异决定了滑坡结构特征差异。4 种不同成因类型堆积体的物理性质如图 4-11~图 4-14 所示,人工填土的干密度范围为 1.56~1.60g/cm^{-3},天然密度范围为 1.79~1.96g/cm^{-3},饱和密度范围为 1.99~2.01g/cm^{-3},孔隙比范围为 0.70~0.73;坡积物的干密度范围为 1.54~1.58g/cm^{-3},天然密度范围为 1.84~1.91g/cm^{-3},饱和密度范围为 1.94~2.00g/cm^{-3},孔隙比范围为 0.65~0.76;残积物的干密度范围为 1.55~1.63g/cm^{-3},天然密度范围为 1.71~1.87g/cm^{-3},饱和密度范围 1.98~2.04g/cm^{-3},孔隙比范围为 0.64~0.76;洪积物的干密度为 1.67g/cm^{-3},天然密度为 1.88g/cm^{-3},饱和密度范围为 2.05g/cm^{-3},孔隙比范围为 0.61。

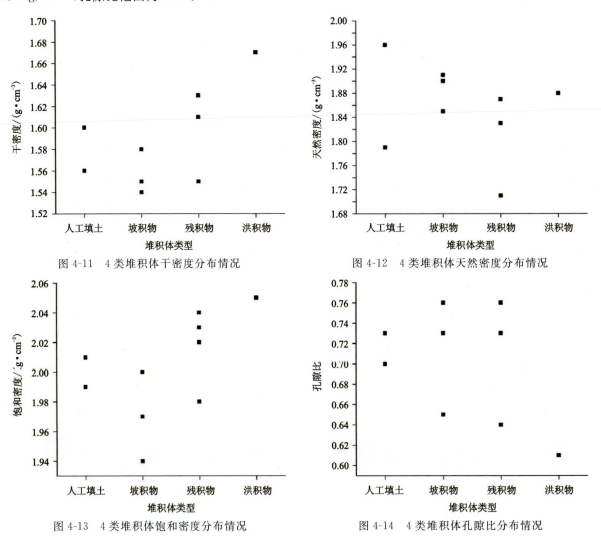

图 4-11　4 类堆积体干密度分布情况　　　　图 4-12　4 类堆积体天然密度分布情况

图 4-13　4 类堆积体饱和密度分布情况　　　　图 4-14　4 类堆积体孔隙比分布情况

4. 堆积体水理性质

水理性质是堆积层滑坡堆积体的重要性质,是土与水接触后表现出的性质,实验室中测试一般包括天然含水率、饱和含水率、液限、塑限和渗透系数。堆积层滑坡的发生一般都是由水的作用触发,因此研究土-水系统之间的关系尤为重要。人工堆积物、洪积物、坡积物和残积物 4 种不同成因类型堆积层的水理性质如图 4-15~图 4-19 所示,人工堆积物的天然含水率范围为 13.7%~22.3%,坡积物的天然含水率范围为19.8%～22.4%,残积物的天然含水率范围为10.8%～18%,洪积物的天然含水率为12.5%,坡积物和人工堆积物的天然含水率相对较高,而洪积物和残积物相对较低;人工堆积物的饱和含水率范围为25.7%～26.9%,坡积物的饱和含水率范围为25.5%～28.4%,残积物的饱和含水率范围为23.9%～27.9%,洪积物的饱和含水率为22.71%;人工堆积物的液限范围为24.9%～34%,塑限范围为14.9%～20.1%,坡积物的液限范围为35.4%～46.8%,塑限范围为20.8%～21.7%,残积物的液限范围为35.1%～45.5%,塑限范围为20.9%～23.2%,洪积物的液限为30.7%,塑限为17.2%,洪积物液限和塑限相对较低;人工堆积物的渗透系数范围为 1.47×10^{-4}～3.25×10^{-3} cm/s,坡积物的渗透系数范围为 1.1×10^{-4}～4.33×10^{-4} cm/s,残积物的渗透系数范围为 1.25×10^{-4}～1.94×10^{-3} cm/s,洪积物的渗透系数为 1.88×10^{-2} cm/s。由图可看出,明显洪积物的渗透系数要相对高出1～2个量级,可见洪积物的渗透性较强。

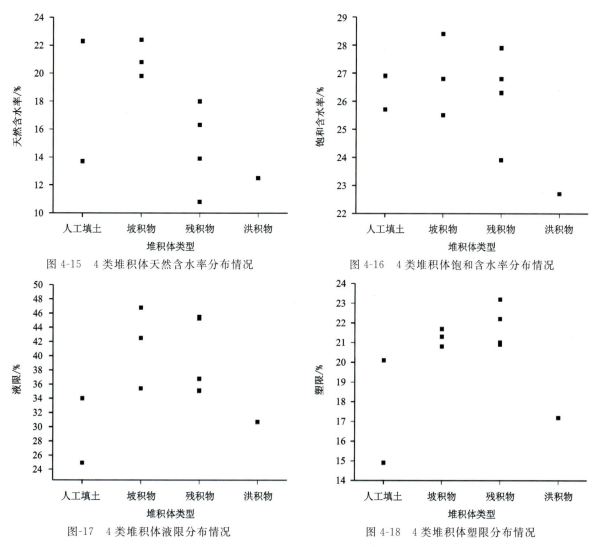

图 4-15　4类堆积体天然含水率分布情况　　　　图 4-16　4类堆积体饱和含水率分布情况

图-17　4类堆积体液限分布情况　　　　图 4-18　4类堆积体塑限分布情况

5. 堆积体力学性质

在堆积层滑坡稳定性分析中,堆积体力学强度尤为重要,不论是物质组成,还是物理和水理性质,都将导致力学性质的差异,最终判断滑动与否的直接判据是滑体下滑力与抗滑力大小比较,黏聚力 c 和内摩擦角 φ 值是研究斜坡强度的重要指标,通过比较人工填土、洪积物、坡积物和残积物4类不同类型堆积层的 c、φ 值差异,可以直观地看出它们之间的强度特性和差异,见图 4-20 和图 4-21。人工土的天

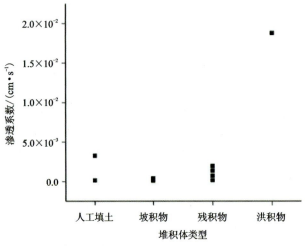

图 4-19　4 类堆积体渗透系数分布情况

然抗剪强度参数 c 的范围为 26～30.7kPa，参数 φ 的范围为 17.5°～33.96°；洪积物的天然抗剪强度参数 c 为 22.5kPa，参数 φ 为 24.5°；坡积物的天然抗剪强度参数 c 的范围为 10.54～32kPa，参数 φ 的范围为 23.5°～25.25°；残积物的天然抗剪强度参数 c 的范围为 14.73～25.34kPa，参数 φ 的范围为 19°～27.82°。

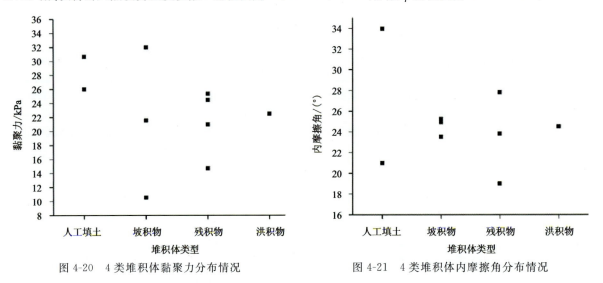

图 4-20　4 类堆积体黏聚力分布情况　　　　图 4-21　4 类堆积体内摩擦角分布情况

三、接触面特征统计分析

1. 接触面类型统计分析

鄂东北地区不同成因类型的堆积体之间相互堆叠并直接接触，形成了不同类型的接触面。通过对各县（市、区）地质灾害详细调查成果、现场调查和总结归纳得出，堆积层滑坡的接触面主要包括基覆界面、洪坡积物与全—强风化残积物接触面、人工填土与自然堆积物接触面、全—强风化残积物内部裂隙面 4 种类型。

1）基覆界面

基覆界面是堆积层滑坡最重要的宏观接触面，研究区所有的松散土体都是堆积在岩体之上。这些松散土体包括了岩体在原地剧烈风化形成的残积物、由于雨水冲刷顺坡堆积形成的坡积物以及山洪搬运堆积形成的洪积物。由于覆盖层与下伏基岩在物质组成、结构与力学强度的全方位的差异,基覆界面成为堆积层滑坡最常见的接触面(滑面)。蕲春县曾冲村三组滑坡和武穴市范垸滑坡的滑面即为基覆界面(图 4-22、图 4-23)。

图 4-22　蕲春县曾冲村三组滑坡

图 4-23　武穴市范垸滑坡

2)洪坡积物与全—强风化残积物接触面

鄂东北地层岩性多以片麻岩、花岗质以及花岗质片麻岩为主,在长期风化过程中,岩石中的云母等矿物易风化为黏土矿物,而不易风化的石英最终残留下来。由于风化的不均一性,局部可能形成黏性土和碎屑物质,夹杂原岩的碎块石。残积物岩性主要为含碎石黏性土或砂土,风化较强的岩体局部保留了原岩的构造,但岩质变软,形成了原岩碎块石混杂残积黏性土或残积砂土,因此在岩体表面形成一个厚度不均的风化层,本书将该层称为全—强风化残积物。由于山洪或雨水冲刷山坡上的残积层或基岩层,携带的大量碎屑物质堆积于山脚形成洪坡积层,两层不同成因的堆积层之间直接接触,接触面就形成了洪坡积物与全—强风化残积物接触面。武穴市老虎头滑坡和麻城市大旗山滑坡的滑面即为洪坡积物与全—强风化残积物接触面(图 4-24、图 4-25)。

图 4-24　武穴市老虎头滑坡

图 4-25　麻城市大旗山滑坡

3)人工填土与自然堆积物接触面

洪积物、坡积物、残积物都是自然堆积形成的堆积体,自然堆积体往往结构松散。人类在坡上建房,对土质进行筛选并进行夯实等人工作用形成的填土,利于建筑工程施工,同时剩余的填土在斜坡面上堆积也会形成松散的人工填土,人工填土与自然堆积物在物源上不同,在物理力学特性上也存在较大差异。

4)全—强风化残积物内部裂隙面

残积物位于岩石风化壳的上部,是剧烈风化的部位,往下与中风化的较完整基岩相连,但与基岩之间的界线较模糊。残积物是原地风化未经搬运的土,往往保留了原岩的样貌,同时可能形成深度不大、方向紊乱、连续性差的风化裂隙面,这种结构面与临空面的距离有关,故往往是从坡表向坡内展布,即风化裂隙面往往与临空面斜交。风化导致残积物表现出既不同于上层洪积物和坡积物的工程性质,又不同于稳定基岩的性质,使得斜坡出现可能沿着风化残积层顶面、风化残积层底面滑动。浠水县关山福利院滑坡和麻城市大旗山滑坡的滑面即为全—强风化残积物内部裂隙面(图 4-26、图 4-27)。

图 4-26　浠水县关山福利院滑坡

图 4-27　麻城市大旗山滑坡

2. 接触面特征统计分析

1)接触面形态特征

堆积层滑坡的接触面主要是不同成因类型堆积体之间的接触面,其次是残积物中存在的裂隙面。前者是堆积层滑坡滑动的控制性结构面,此次研究虽然进行了详细的现场调查,但是由于堆积层滑坡中接触面具有隐蔽性,还是难以准确确定接触面的几何特征,因此主要通过现场钻孔以及断面判断接触面的局部位置,再在图形中连接形成接触面的宏观几何特征。

(1)直线形接触面。调查发现弱风化的基岩顶面往往是呈直线形的,即使区域经过构造作用,但对于滑坡发生尺度上这一部分,仍可以看作直线形。此外,经过人为改造过的原斜坡面往往也是平直的,因为坡上要进行人工堆积和夯实使其能适用于作为地基,因此人工堆积与自然堆积接触面是平整的。直线形的接触面作为滑面纵向长度往往较短,变形破坏多是集中于前缘一小段距离,破坏深度浅,以浅表层破坏为主。如图 4-28 所示的最常见的由于建房或修路切坡形成的"Z"字形坡往往仅表层几十厘米厚度的风化残积物形成滑体,滑面近似直线形。如图 4-29 所示的蕲春县曾冲村三组滑坡即沿直线形基覆界面滑动,滑面纵向长度仅 5m,滑坡厚度同样仅几十厘米。又如图 4-30 所示的市体育中学滑坡,人工填土与冲洪积物接触面呈直线形,该斜坡变形破坏仅集中于靠近临空面部分。

图 4-28　蕲春县方桥村一组滑坡

图 4-29　蕲春县曾冲村三组滑坡

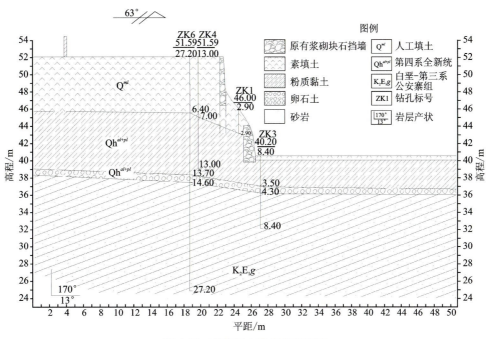

图 4-30 市体育中学滑坡剖面图

(2)凹形接触面。经过强风化的残积物上下界面几乎都是呈凹形的。由于风化的不均匀性,剧烈风化的部分往往会形成松散土质顺坡滑动,在原处形成凹腔,经过长年累月的雨水侵蚀作用,凹腔处易集水进一步使接触面下凹,久而久之会形成凹形接触面。滑面发育于凹形接触面是堆积层滑坡中最常见的,该类滑坡后缘边界多是在斜坡地形缓坡与陡坡的交界处。此位置极易受到张力作用而发生拉张破坏,使滑体沿着凹形接触面滑动,从前缘临空面剪出。如图 4-31 和图 4-32 所示,以凹形接触面为滑面的滑坡纵向长度往往较长,纵长范围从前缘坡脚至后缘斜坡陡缓交界处,由于滑面下凹,滑体较厚,滑坡体积较直线形接触面要大得多。由此可见,接触面形态会影响滑坡的变形破坏规模。

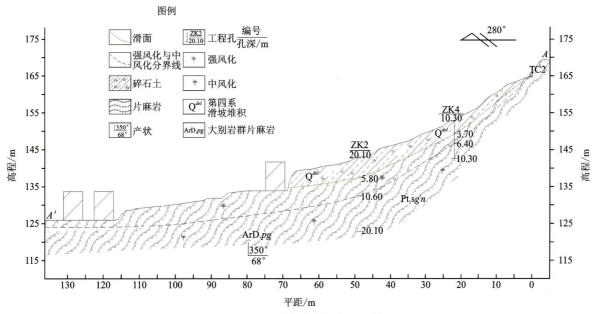

图 4-31 罗田县戏龙庙村胡崖滑坡剖面图

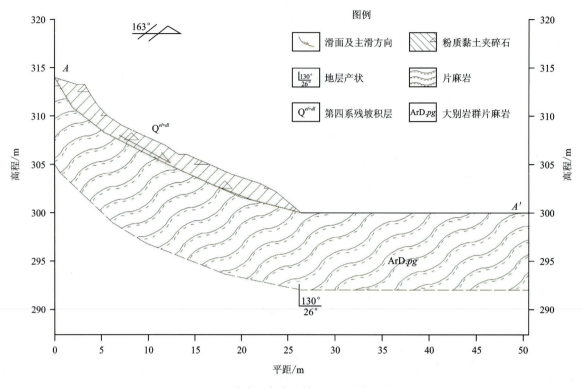

图 4-32　蕲春县青草坪村八组滑坡剖面图

2）接触面产状特征

（1）层理面产状特征。地质界面的产状取决于接触面上部岩土体沿接触面向下的重力分量大小，即下滑力，是堆积层滑坡稳定性的主要控制性要素。堆积层滑坡由于是顺坡堆积形成的，故其接触面均是倾向坡外，此时接触面的倾角成为影响堆积层滑坡稳定性至关重要的因素。前人研究发现，对于堆积层滑坡，一旦接触面倾角达到一定值后，即使无外力因素作用，土体也难以维持稳定，这个临界角度一般是45°，在特殊地质环境中，临界角度可能更小。对11处堆积层滑坡滑面倾角统计后得到如图4-33所示结果，滑面倾角范围在15°～35°之间，且多集中在20°～30°之间。

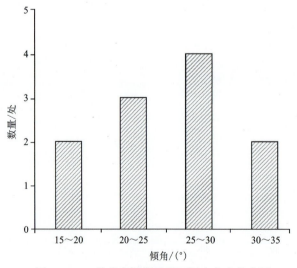

图 4-33　11处堆积层滑坡滑面倾角分布柱状图

第四章 堆积层滑坡接触面物理力学特性研究

对于含有两组不同类型接触面的堆积层滑坡,接触面的相对倾角差异会影响滑面的发育位置。如图 4-34 所示的浠水县关山福利院滑坡,它具有两组接触面组合,分别为人工填土与残积物接触面和基覆界面,两组接触面倾向坡外,倾角相等,均为 20°,滑面发育位置为基覆界面;如图 4-35 所示的麻城大旗山滑坡,同样发育两组接触面,分别为洪积物与残积物接触面和基覆界面,洪积物与残积物接触面倾角为 40°,基覆界面倾角为 30°,该滑坡沿洪积物与残积物接触面发生滑动。由此可见,接触面倾角会影响滑面的发育位置。

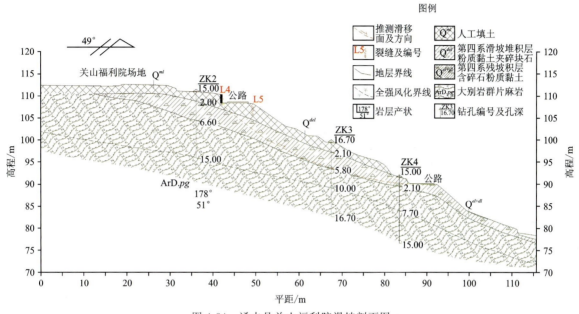

图 4-34 浠水县关山福利院滑坡剖面图

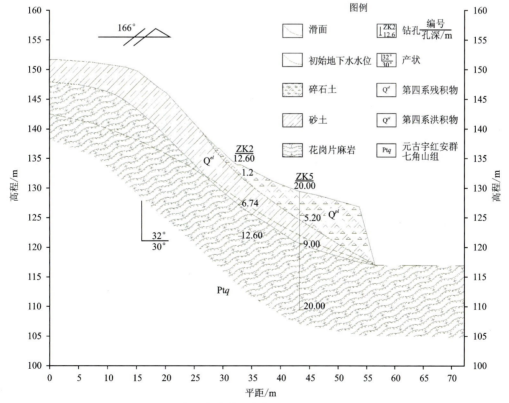

图 4-35 麻城市大旗山村村委会后山滑坡剖面图

（2）裂隙面产状特征。11处堆积层滑坡中有4处发育残积层，其中英山县小米畈村滑坡和蕲春县青草坪村滑坡残积物均风化为松散砂土，不存在裂隙面，浠水县关山福利院滑坡和麻城市大旗山滑坡残积层保留有原岩裂隙面，如图4-36和图4-37所示。福利院滑坡仅发育一组裂隙面，裂隙面倾向120°。该滑坡主滑方向19°，两者夹角为101°，裂隙面倾角87°。由此可见，福利院滑坡滑面与裂隙面交切，裂隙面并不构成滑面的一部分。大旗山滑坡有两组裂隙面，倾向分别为254°和332°。该滑坡主滑方向166°，夹角分别为88°和166°，裂隙面倾角分别为90°和30°。大旗山滑坡滑面同样与两组裂隙面交切，裂隙面不构成滑面的一部分。

图4-36　福利院滑坡裂隙面（镜向190°）

图4-37　大旗山滑坡裂隙面（镜向345°）

3）接触面长度特征

（1）层理面长度。不同成因类型岩土层接触面基本贯穿整个斜坡，如洪坡积物有时位于斜坡前中部缓坡带，接触面长度多为十几米到几十米不等，接触面连续不间断，长度均不小于滑面长度。

（2）裂隙面长度。裂隙面为母岩风化后保留的部分节理裂隙面以及部分风化裂隙面，其长度仅几十厘米，且断续分布，方向紊乱，这样的地质界面类型不利于发育为贯通性的滑面。

3. 接触面成因类型统计分析

通过对鄂东北地区已勘查的11处堆积层滑坡滑面成因类型进行统计分析发现，沿基覆界面发生滑动的滑坡共9处，占总数的82%，另1处沿洪积物与残积物接触面发生滑动，1处沿人工堆积物与自然堆积物接触面发生滑动（图4-38）。这是因为鄂东北地区堆积层滑坡大多为堆积层-基岩两层结构滑坡，堆积体成因类型单一，为坡积物、冲洪物、残积物或人工填土中的一种。单一的堆积体类型内部往往结构较均匀，可以看作均一的土体。那么对于该类滑坡而言，堆积层-基岩接触面成为了滑坡唯一的软弱结构面。岩、土之间性质的巨大差异，导致了降雨作用下坡体沿土岩界面发生滑动破坏。

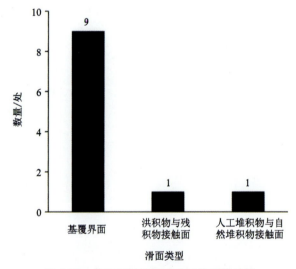

图4-38　堆积层滑坡滑面成因类型统计图

除了两层结构堆积层滑坡外，统计的11处堆积层滑坡中有5处为三层结构滑坡，其中的两处并非沿基覆界面滑动,分别为麻城市大旗山滑坡和市体育中学滑坡。两处滑坡堆积体具有多种成因类型组合,造成接触面类型非单一的基覆界面。同时,通过上述的统计分析可以看出,两处滑坡的特点是土层之间的接触面倾角要远大于基覆界面倾角。这就造成沿接触面向下的重力分量更大,土体下滑力更大,更易发生滑动。此外,大旗山滑坡上层洪积物的渗透系数远大于残积物也是一个重要的因素。这导致了洪积物与残积物接触面与基覆界面类似,在降雨条件下成为相对隔水层,沿该接触面易形成渗流面,从而降低接触面抗剪强度。

第二节　典型堆积层滑坡特征分析

一、滑坡基本特征

1. 滑坡形态及规模特征

选取英山县小米畈滑坡、麻城市福田河镇大旗山村村委会后山滑坡和浠水县丁司垱镇关山福利院滑坡3处较典型的堆积层滑坡为研究对象,分析堆积层滑坡形态与规模特征。

1)小米畈滑坡

小米畈滑坡位于英山县温泉镇小米畈村六组,坡长221m,滑体最宽处52m,最窄处25m,平均宽40m,总面积约8850m²,平面形态呈长舌形,主滑方向为35°。滑体平均厚度约6m,总体积约5.3×10^4m³,属小型土质滑坡。

滑体为第四系残坡积层粉质黏土夹碎石,呈黄褐色,层厚3.9～12.2m,平均厚度约8m。现场勘察结果表明,土层大致可分为两层,上层含碎石较多,下层含碎石较少,土质更接近于残积层粉砂,但无明显界限。滑床为元古宇红安群雷家店组(Ptl)花岗片麻岩,为片麻状构造,中粗粒变晶结构,褐黄、黄褐色,片麻理产状110°∠32°。

滑坡工程地质平面和剖面示意图(图4-39)表明,滑坡潜在滑移面为第四系残坡积物与强风化花岗片麻岩的基覆界面,但也存在局部地区沿残坡积层土体内部裂隙面塌滑的情形。

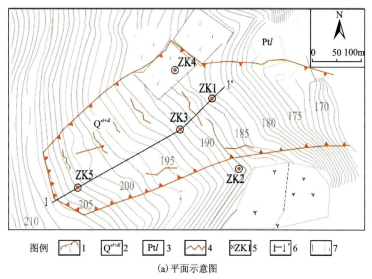

(a)平面示意图

1.滑坡界线及滑动方向;2.第四系残坡积物;3.元古宇红安群雷家店组花岗片麻岩;
4.裂缝;5.钻孔及编号;6.剖面线及编号;7.房屋

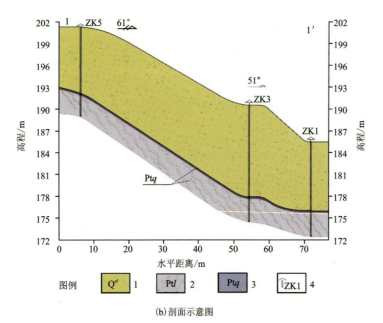

(b) 剖面示意图

1.第四系残坡积粉质黏土夹碎石;2.元古宇红安群雷家店组花岗片麻岩强风化带;
3.元古宇红安群七角山组花岗片麻岩弱风化带;4.钻孔及编号

图 4-39 小米畈滑坡工程地质平剖面示意图

2)大旗山滑坡

大旗山滑坡位于麻城市福田河镇大旗山村五组,在距大旗山村村委会以西30m处。如图4-40(a)所示,滑坡分布在一近东西向展布的斜坡地带,总体坡向166°,前、后缘高程分别为114m和150m,平面形态整体呈箕形,剖面形态为凸形。滑坡纵向长约52m,横宽约247m,平均厚度约8m,面积约12 800m², 体积约 $10 \times 10^4 m^3$,规模等级属中型。

滑体物质主要为古滑坡滑动后堆积在现地貌斜坡前缘的第四系滑坡堆积物粉质黏土夹碎石与第四系残积层粉砂。滑坡下伏基岩为元古宇红安群七角山组(Ptq)花岗片麻岩,片麻理产状32°∠30°,受构造、风化作用影响强烈。依据滑体物质及结构特征分析,如图4-40(b)所示,滑坡潜在滑移面为第四系滑坡堆积层与残积层的接触面。

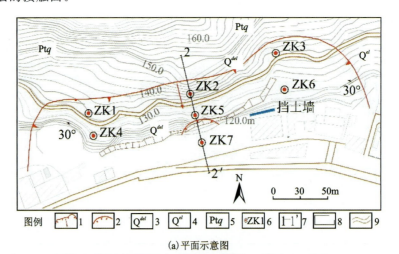

(a) 平面示意图

1.滑坡界线及滑动方向;2.第四系滑坡堆积物;3.第四系残积物;4.元古宇红安群七角山组花岗片麻岩;
6.钻孔及编号;7.剖面线及编号;8.房屋;9.道路

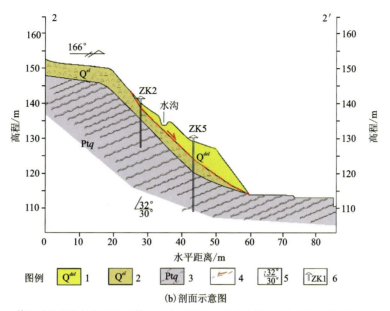

(b) 剖面示意图

1. 第四系滑坡堆积碎石土；2. 第四系残积粉砂；3. 元古宇红安群七角山组花岗片麻岩；
4. 潜在滑动面及滑动方向；5. 产状；6. 钻孔及编号

图 3-40　大旗山滑坡工程地质平剖面示意图

3）关山福利院滑坡

福利院滑坡位于浠水县丁司垱镇关山福利院前缘。如图 4-41 所示，滑坡面整体呈不规则梯形，主滑方向为 45°，坡度 30°～35°，前缘高程约 90m，后缘高程约 113m，滑体平均宽约 25m，长约 100m，面积约 2500m²，厚度约 4m，体积约 1×10⁴m³，为浅层土质小型滑坡。

滑体物质为人工堆积粉质黏土夹碎石与第四系残积粉砂，厚度为 0.5～2.5m。下伏基岩为元古宇红安群雷家店组（Ptl）花岗片麻岩。目前滑坡主要沿人工堆积层切层及基覆界面顺层滑移。

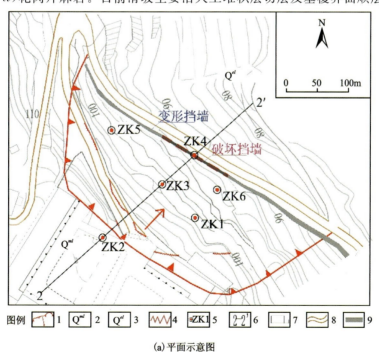

(a) 平面示意图

1. 滑坡界线及滑动方向；2. 第四系滑坡堆积物；3. 第四系残积物；4. 裂缝；
5. 钻孔及编号；6. 剖面线及编号；7. 房屋；8. 道路；9. 挡土墙

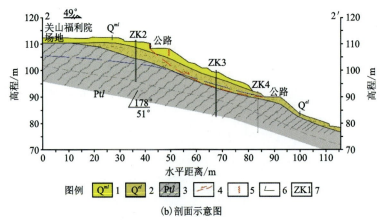

(b) 剖面示意图

1.第四系人工堆积粉质黏土夹碎石;2.第四系残积粉砂;3.元古宇红安群雷家店组花岗片麻岩;
4.潜在滑动面及滑动方向;5.裂缝;6.产状;7.钻孔及编号

图 4-41　关山福利院滑坡工程地质平剖面示意图

2. 堆积体宏观结构特征

根据对上述 3 处堆积层滑坡勘查资料进行统计和归纳,结果如表 4-5 所示,堆积体的成因主要包括滑坡堆积、残坡积、残积和人工堆填等。滑坡堆积物岩性主要为碎石土,由老滑坡下滑堆积形成,结构较为松散,碎石体积含量一般为 10%～20%,碎石粒径一般在 3～10cm 之间,最大可达 30cm,呈棱角—次棱角状,一般分布于山体滑坡前缘及中部。残坡积物岩性主要是粉质黏土夹碎石,表现为粉质黏土中含有部分母岩风化的小粒径碎石及角砾,主要由降雨形成的暂时性地表水搬运在坡脚处堆积形成。残积物岩性主要为粉砂,由母岩剧烈风化而成。由于是原地风化,局部往往保留了原岩的构造,残积物中碎石含量为 10%～20%,碎石粒径多为 0.2～0.5cm。人工堆积物岩性主要为粉质黏土夹碎石,物源复杂,碎石含量 20%～30%,碎石粒径多为 2～5cm。

表 4-5　3 处堆积层滑坡地层结构及地层岩性

滑坡名称	地层结构(由上至下)	地层岩性(由上至下)	潜在滑移面成因类型
小米畈滑坡	残坡积层、残积层、基岩	粉质黏土夹碎石、粉砂、花岗质片麻岩	基覆界面、残积层内部裂隙面
大旗山滑坡	滑坡堆积层、残积层、基岩	碎石土、粉砂、花岗质片麻岩	滑坡堆积层与残积层接触面
关山福利院滑坡	人工填土、残积层、基岩	粉质黏土夹碎石、粉砂、花岗质片麻岩	人工堆积层切层及基覆界面

二、接触面特征

1. 接触面形态特征比较

通过现场钻孔以及断面判断接触面的局部位置,再在图形中连接形成接触面的宏观几何特征。两处滑坡共 4 组接触面均呈凹形,相比较而言,大旗山滑坡接触面下凹深度大于福利院滑坡接触面。

2. 接触面产状特征比较

(1)接触面产状。福利院滑坡两处接触面均倾向坡外,倾角均为25°,填土层与残积层在临空面上部出露,基覆界面近乎从临空面底部出露。大旗山滑坡两处接触面均倾向坡外,其中洪积层与残积层接触面倾角40°,基覆界面倾角30°,上接触面倾角明显大于下接触面倾角,两处接触面均从斜坡临空面底部出露。

(2)裂隙面产状。福利院滑坡裂隙面倾向120°,主滑方向19°,两者夹角为101°,裂隙面倾角87°,可见福利院滑坡滑面与裂隙面交切,裂隙面并不构成滑面的一部分。大旗山滑坡有两组裂隙面,倾向分别为254°和332°,滑坡主滑方向166°,夹角分别为88°和166°,裂隙面倾角分别为90°和30°,滑面同样与两组裂隙面交切,裂隙面不构成滑面的一部分。小米畈滑坡不存在裂隙面。

3. 接触面成因类型比较

福利院滑坡人工填土和残积物以及小米畈滑坡坡积物和残积物均存在较强扰动破坏,结构松散,土岩接触面碎石含量偏高,岩土物质研磨程度较高,两处滑坡潜在滑动面均是基覆界面,前缘和后缘滑面发育在堆积层内。大旗山滑坡前缘临空面存在多次坍滑现象,坍滑体均为洪积物碎块石土,残积物未出现较强扰动情况,推测潜在滑动面为洪积物与残积物接触面。

第三节 岩土体及接触面室内试验研究

堆积层滑坡的形成原因是大气降雨激活了地质界面导致了土体滑动,土遇水有以下反应:土与水之间的化学反应使界面土的矿物成分、微观结构等发生改变;水作为介质将土中的易溶物带进、带出,相当于对土进行了筛选,故地质界面土的物理性质可能与土层产生了差异;水使土软化,同时水、土反应又使界面土劣化,表现为土的剪应力强度降低。室内试验包括了矿物成分与微观结构电镜扫描及X射线衍射试验;土的物理性质试验(包括粒度、相对密度与密度、含水率及界限含水率、孔隙率、渗透系数);土的强度参数试验。

本次试验选取的3处滑坡分别为关山福利院滑坡、英山小米畈滑坡和大旗山滑坡,每处滑坡堆积层各有两种成因类型,福利院滑坡填土、福利院滑坡残积物、小米畈滑坡坡积物、小米畈滑坡残积物、大旗山滑坡洪积物、大旗山滑坡残积物分别为代号FLY-1、FLY-2、XMF-1、XMF-2、DQS-1、DQS-2。取样仪器主要为背包钻和铲子,现场取样分原状样和重塑样,原状样通过背包钻钻取,在未扰动断面处铲取,用塑料管、胶带等密封保存,用于测定天然含水率和天然密度,并作为制备重塑样的依据。由于人工填土、坡积物和洪积物结构松散,对密度测定影响较大,故需要参考3处滑坡勘查资料中的试验数据。重塑样则直接用铲在未扰动断面及探槽侧壁处铲取。

一、物理性质测定

(一)颗粒分析试验

1. 试验步骤

颗粒成分分析首先采用筛分法,除了大旗山的洪积物由于碎石含量高且粒径大不进行筛分外,其余的大旗山滑坡残积物、关山福利院滑坡人工填土和残积物、小米畈滑坡坡积物和残积物均先进行筛分。将试样过 2mm 筛，称筛上和筛下的试样质量。当筛下的试样质量小于试样总质量的 10% 时，不进行细筛分析；当筛上的试样质量小于试样总质量的 10% 时，不进行粗筛分析。本次试验均不进行粗筛分析。按规定称取代表性试样，置于盛水容器中充分搅拌，使试样的粗细颗粒完全分离。将容器中的试样悬液过 2mm 筛，取筛下的试样烘至恒量，称烘干试样质量，准确到 0.1g。取筛下的试样倒入依次叠好的细筛中，进行筛析振筛时间宜为 10~15min，再按由上而下的顺序将各筛取下，称量各级筛上及底盘内试样的质量，应准确至 0.1g(图 4-42)。

图 4-42 筛分及称取质量试验

计算筛后各级筛上试样质量的总和与筛前试样总质量的差值。小于某粒径的试样质量占试样总质量的百分比应按式(4-1)计算：

$$X = \frac{m_A}{m_B} \cdot d_x \tag{4-1}$$

式中：X 为小于某粒径的试样质量占试样总质量的百分比(%)；m_A 为小于某粒径的试样质量(g)；m_B 为筛析时的试样总质量(g)；d_x 为粒径小于 2mm 的试样质量占试样总质量的百分比(%)。

筛分法过后进行密度计试验(图 4-43)，将风干试样倒入 500mL 锥形瓶，注入纯水 200mL，浸泡过夜，然后置于煮沸设备上煮沸，煮沸时间为 40min。将冷却后的悬液移入烧杯中，静置 1min，通过洗筛漏斗将上部悬液过 0.075mm 筛，遗留杯底沉淀物用带橡皮头研杵研散，再加适量水搅拌，静置 1min，再将上部悬液过 0.075mm 筛，如此重复倾洗(每次倾洗，最后所得悬液不得超过 1000mL)直至杯底砂粒洗净，将筛上和杯中砂粒合并洗入蒸发皿中，倾去清水，烘干，称量并进行细筛分析，并计算各级颗粒占试样总质量的百分比。将过筛悬液倒入量筒，加入 4% 六偏磷酸钠 10mL，再注入纯水至 1000mL。将搅拌器放入量筒中，沿悬液深度上下搅拌 1min，取出搅拌器，立即开动秒表，将密度计放入悬液中，测记 0.5min、0min、2min、5min、15min、30min、60min、120min 和 1440min 时的密度计读数。每次读数均应在预定时间前将密度计放入悬液中且接近读数的深度，保持密度计浮泡处在量筒中心，不得贴近量筒内壁。密度计读数均以弯液面上缘为准，甲种密度计应准确至 0.5，每次读数后，应取出密度计放入盛有纯水的量筒中，并应测定相应的悬液温度，准确至 0.5℃，放入或取出密度计时，应小心轻放，不得扰动悬液。试验结果见表 4-6。

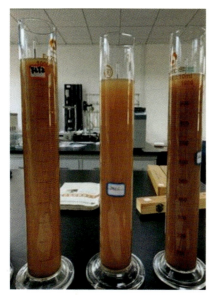

图 4-43 密度计试验

表 4-6 各层土体粒度分析表

土类	各粒组百分含量/%				D_{60}	D_{30}	D_{10}	C_u	C_c	级配	土质定名
	>2mm	0.075~2mm	0.005~0.075mm	<0.005mm							
FLY-1	6.07	42.83	42.10	9.00	0.16	0.06	0.01	11.21	1.69	良好	粉土
FLY-2	8.60	54.67	32.73	4.00	0.28	0.07	0.06	4.73	0.31	不良	粉砂
XMF-1	13.40	34.60	44.00	8.00	0.20	0.06	0.02	11.06	1.14	良好	粉质黏土
XMF-2	5.13	54.13	36.23	4.5	0.24	0.07	0.03	9.76	0.76	不良	粉砂
DQS-1	1.73	51.27	41.23	5.77	0.25	0.06	0.02	7.43	1.29	良好	粉砂
DQS-2	8.60	54.67	34.03	2.70	0.28	0.07	0.06	4.65	0.30	不良	粉砂

注:此处土质根据《建筑地基基础设计规范》(GB 50007—2011)相关规定定名。

小于某粒径的试样质量占试样总质量的百分比应按式(4-2)计算:

$$X = \frac{100}{m_d} C_G (R + m_T + n - C_D) \tag{4-2}$$

式中:X 为小于某粒径的试样质量百分比(%);m_d 为试样干质量(g);C_G 为土粒相对密度校正值(g/cm³);m_T 为悬液温度校正值(cm³);n 为弯月面校正值(cm³);C_D 为分散剂校正值(cm³);R 为甲种密度计读数(cm³)。

试样颗粒粒径应按式(4-3)计算:

$$d = \sqrt{\frac{1800 \times 10^4 \cdot \eta}{(G_S - G_{wT})\rho_{wT} g} \cdot \frac{L}{t}} \tag{4-3}$$

式中:d 为试样颗粒粒径(mm);η 为水的动力黏滞系数(kPa·s×10⁻⁶);G_S 为土粒相对密度;G_{wT} 为 T ℃时水的相对密度;ρ_{wT} 为 4℃时纯水的密度(g/cm³);L 为某时间内的土粒沉降距离(cm);t 为沉降时间(s);g 为重力加速度(cm/s²)。

2. 试验结果

根据《建筑地基基础设计规范》(GB 50007—2011)中关于土质的命名,对 3 处滑坡 6 层土体进行命名。关山福利院滑坡填土层为粉土（$I_P=10$ 且粒径大于 0.075mm 的颗粒含量不超过 50%）、残积层为粉砂（粒径大于 2mm 的颗粒含量不超过 50% 且粒径大于 0.075mm 的颗粒含量大于 50%）；小米畈滑坡坡积层为粉质黏土（粒径大于 0.075mm 的颗粒含量不超过 50% 且 $10<I_P\leqslant17$）、残积层为粉砂（粒径大于 2mm 的颗粒含量不超过 50% 且粒径大于 0.075mm 的颗粒含量大于 50%）；大旗山滑坡洪积层为碎石土（粒径大于 20mm 且小于 200mm 的颗粒含量大于 50%，以棱角形为主）、残积层为粉砂（粒径大于 2mm 的颗粒含量不超过 50% 且粒径大于 0.075mm 的颗粒含量大于 50%）。

试验数据采用粒径级配累计曲线反映（图 4-44），从曲线上可以直接了解土的粗细、粒径分配的均匀程度和级配的优劣。关山福利院滑坡填土层以粒径小于 0.075mm 的粉粒和黏粒为主，同时，0.075～2mm 的砂粒含量也较高，残积层以 0.075～2mm 的砂粒为主，同时，小于 0.075mm 的粉粒和黏粒含量也较高，填土层粒度相对残积层较细，但总体粒度成分差异不大；小米畈滑坡坡积层以粒径小于 0.075mm 的粉粒和黏粒为主，同时，0.075～2mm 的砂粒含量也较高，残积层以 0.075～2mm 的砂粒为主，同时，小于 0.075mm 的粉粒和黏粒含量也较高，坡积层粒度相对残积层较细，但总体粒度成分差异不大；大旗山滑坡洪积层粒径以 20～200mm 的碎石为主，而残积层以 0.075～2mm 的砂粒为主，洪积层总体粒度明显远大于残积层。可见大旗山滑坡上下层土的粒度成分差异要比关山福利院滑坡和小米畈滑坡明显得多。

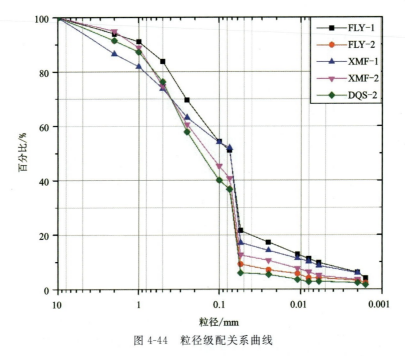

图 4-44 粒径级配关系曲线

（二）相对密度与密度

1. 试验步骤

相对密度测量采用比重瓶法。称烘干试样 15g 装入比重瓶，称试样和瓶的总质量（图 4-45），准确至 0.001g。向比重瓶内注入半瓶纯水，摇动比重瓶，采用真空抽气法排气（图 3-46）。将煮沸经冷却的纯水注入装有试样悬液的比重瓶。将比重瓶注满纯水，置于恒温水槽内至温度稳定，且瓶内上部悬液澄清。取出比重瓶，擦干瓶外壁，称比重瓶、水、试样总质量，准确至 0.001g，并应测定瓶内的水温，准确至 0.5℃。

第四章　堆积层滑坡接触面物理力学特性研究

图 4-45　比重瓶加土称样

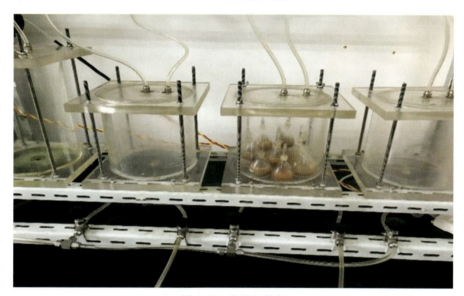

图 4-46　饱和缸抽气

按式(4-4)计算土粒的相对密度：

$$G = \frac{m_d}{m_{bw} + m_d + m_{bwn}} G_{IT} \tag{4-4}$$

式中：G 为试样的土粒相对密度；m_{bw} 为比重瓶、水总质量(g)；m_{bwn} 为比重瓶、水、土的总质量(g)；G_{IT} 为 T 摄氏度时纯水或中性液体的相对密度。

密度测定采用环刀法。根据试验要求用环刀切取试样时，应在环刀内壁涂一薄层凡士林，刃口向下放在土样上，将环刀垂直下压，并用切土刀沿环刀外侧切削土样，边压边削至土样高出环刀，根据试样的软硬采用钢丝锯或切土刀整平环刀两端土样，擦净环刀外壁，称环刀和土的总质量。

按式(4-5)计算试样天然密度，精确到 $0.01 \mathrm{g/cm^3}$：

$$\rho_0 = \frac{m_0}{V} \tag{4-5}$$

式中：ρ_0 为试样的天然密度(g/cm³)；m_0 为天然土样的质量(g)；V 为环刀的体积(m³)。

孔隙比和干密度采用试验数据计算获得。

2. 试验结果

相对密度是土粒质量与同体积纯水质量的比值,各层土样相对密度采用比重瓶法进行测定。试验得出福利院滑坡填土土粒相对密度为 2.72,残积土粒相对密度为 2.83;小米畈滑坡坡积土粒相对密度为 2.67,残积土粒相对密度为 2.73;大旗山滑坡洪积土粒相对密度为 2.67,残积土粒相对密度为 2.69。天然密度是天然状态下土的单位体积的质量,密度采用环刀法进行测定,得到福利院滑坡填土层天然密度为 1.79g/cm³,残积层天然密度为 1.83g/cm³;小米畈滑坡坡积层天然密度为 1.90g/cm³,残积层天然密度为 1.88g/cm³;大旗山滑坡洪积层天然密度为 1.88g/cm³,残积层天然密度为 1.81g/cm³。孔隙比通过计算获得,福利院滑坡填土层孔隙比为 0.73,残积层孔隙比为 0.76;小米畈滑坡坡积层孔隙比为 0.72,残积层孔隙比为 0.72;大旗山滑坡洪积层孔隙比为 0.61,残积层孔隙比为 0.64。干密度通过计算获得,福利院滑坡填土层干密度为 1.57g/cm³,残积层干密度为 1.61g/cm³;小米畈滑坡坡积层干密度为 1.55g/cm³,残积层干密度为 1.59g/cm³;大旗山滑坡洪积层干密度为 1.67g/cm³,残积层干密度为 1.63g/cm³(图 4-47～图 4-50)。

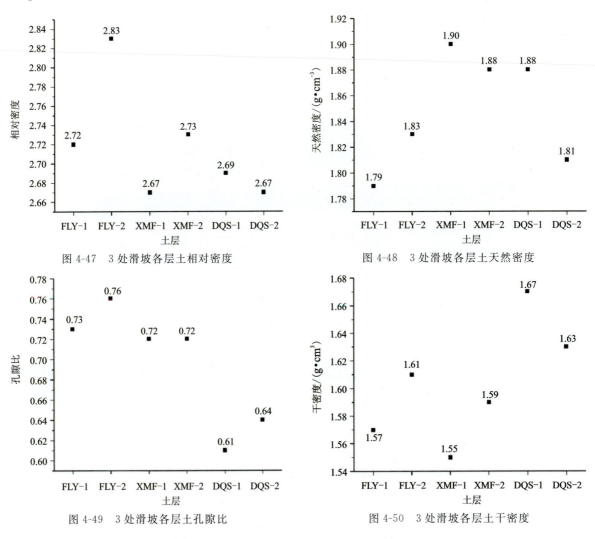

图 4-47　3 处滑坡各层土相对密度　　　　　图 4-48　3 处滑坡各层土天然密度

图 4-49　3 处滑坡各层土孔隙比　　　　　　图 4-50　3 处滑坡各层土干密度

(三)渗透系数

堆积层滑坡不同堆积体结构的差异决定了其物理性质的差异。本节对上述 3 个典型滑坡 6 种类型堆积体土样开展了土质学测试,试样编号同表 4-6。这 6 个试样的各粒组百分含量及渗透系数如表 4-7 所示。根据颗粒级配曲线确定土样的不均匀系数 C_u 和曲率系数 C_c,可见 6 种土的 C_u 均接近或大于 5,表示这些堆积土体并不存在级配不良的情形。另外,3 处滑坡残积物的 C_c 均小于 1,表明它们的粒径不甚齐全。

表 4-7　各粒组百分含量和渗透系数表

试样编号	各粒组百分含量/%				C_u	C_c	渗透系数/$(cm \cdot s^{-1})$
	>2mm	0.075～2mm	0.005～0.075mm	<0.005mm			
XMF-1	1.73	51.27	41.23	5.77	7.43	1.29	1.70×10^{-4}
XMF-2	5.13	54.13	36.23	4.50	9.76	0.76	1.94×10^{-3}
DQS-1	13.40	34.60	44.00	8.00	11.06	1.14	7.51×10^{-4}
DQS-2	8.60	54.67	34.03	2.70	4.65	0.3	1.88×10^{-2}
FLY-1	6.07	42.83	42.10	9.00	11.21	1.69	3.25×10^{-3}
FLY-2	8.60	54.67	32.73	4.00	4.73	0.31	1.39×10^{-3}

将上述 6 个试样的其他土质学试验指标与前期收集的勘察阶段测试值一同进行统计,最大值、最小值和均值如图 4-51 所示。统计结果表明,如图 4-51(a)、图 4-51(b)所示,6 种试样天然重度的均值均在 18.24～19.56kN/m³ 区间内,干密度的均值均在 14.59～16.01kN/m³ 区间内。可见,就重度而言,6 种堆积体的差别不大,其中小米畈滑坡残坡积层和残积层的干重度值区间相对较小,主要原因在于样本数较少。同时,注意到福利院滑坡人工填土重度的测试值范围最大,可能是由人工填土的结构极其不均匀,测试结果的变异性很大所致。孔隙比 e 可用以表示土的密实程度。e 值越小,土越密实,压缩性越低;e 值越大,土越疏松,压缩性越高。如图 4-51(c)所示,小米畈滑坡和大旗山滑坡上下两层堆积体的密实程度平均值基本一致;福利院滑坡的残积层 e 的均值比人工填土 e 的均值小 0.21,差距十分显著,表明残积层明显比人工填土更为密实。液限含水量是细粒土呈可塑状态的上限含水率,塑限含水量是细粒土呈可塑状态的下限含水率。如图 4-51(d)所示,3 处滑坡残积层液限含水量均值取值区间为 32.08%～34.00%,差距十分微弱,且均小于上层其他成因的土体(均值取值区间 35.24%～36.8%);变异性也小于上层的其他成因类型的堆积体。如图 4-51(e)所示,3 处滑坡残积层塑限含水量均值取值区间为 17.70%～20.03%,均小于上层其他成因的堆积体(均值取值区间 19.48%～23.20%)。塑性指数为液限含水量与塑限含水量之差。塑性指数越大,表明土的颗粒越细,比表面积越大,土的亲水矿物含量越高,能综合反映土的矿物成分和颗粒大小的影响。图 4-51(f)所展示的 6 种土的塑性指数差别并不大。同时,由于取样位置、取样时间的差异,各土样的天然含水量差异很大,故未对天然含水量和液性指数进行统计。

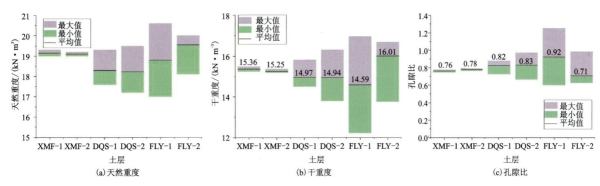
(a)天然重度　(b)干重度　(c)孔隙比

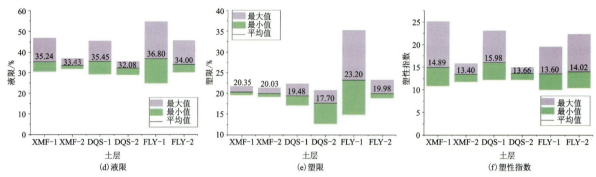

图 4-51 3处滑坡试样其他土质学试验指标与前期收集的勘察阶段测试值

二、水理性质测定

(一)含水率

1. 试验步骤

称取具有代表性试样 10~30g 或用环刀中的试样,放入称量盒内,盖上盒盖,称盒加湿土质量,准确至 0.01g。将盒置于烘箱内,在 105~110℃ 的恒温下烘至恒量。将称量盒从烘箱中取出,盖上盒盖,放入干燥容器内冷却至室温,称量盒加干土质量,准确至 0.01g(图 4-52)。

图 4-52 称取试样及含水率测定

按式(4-6)计算试样天然含水率,准确至 0.1%:

$$w_0 = \left(\frac{m_0}{m_d} - 1\right) \times 100\% \tag{4-6}$$

式中:m_d 为干土质量(g);m_0 为湿土质量(g)。

2. 试验结果

天然含水率受取样时间和天气的影响,跟收集到的滑坡数据资料有所差异。试验测得福利院滑坡填土天然含水率为13.7%,残积层天然含水率为13.9%;小米畈滑坡坡积层天然含水率为22.4%,残积层天然含水率为18.0%,大旗山滑坡洪积层天然含水率为12.5%,残积层天然含水率为10.8%(图4-53)。饱和含水率通过计算获得,福利院滑坡填土层饱和含水率为26.9%,残积层饱和含水率为26.8%;小米畈滑坡坡积层饱和含水率为27.06%,残积层饱和含水率为26.26%;大旗山滑坡洪积层饱和含水率为22.7%,残积层饱和含水率为23.9%(图4-54)。

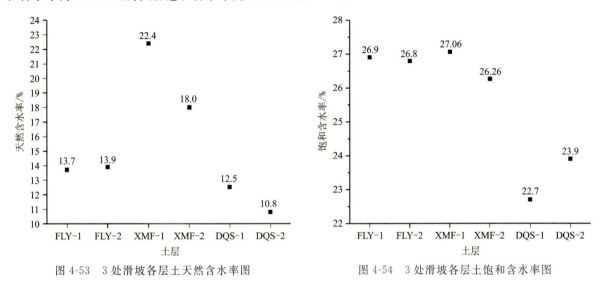

图4-53　3处滑坡各层土天然含水率图　　　　　图4-54　3处滑坡各层土饱和含水率图

(二)液限、塑限

1. 试验步骤

采用液塑限联合测定法测定各层土的液限、塑限含水率。土样不均匀时,采用风干试样,当试样中含有粒径大于0.5mm的土粒和杂物时,应过0.5mm筛,取0.5mm筛下的代表性土样200g。将试样放在橡皮板上用纯水将土样调成均匀膏状,放入调土皿,浸润过夜。将制备的试样搅拌均匀,填入试样杯中,填样时不应留有空隙,对较干的试样应充分搓揉,密实地填入试样杯中,填满后刮平表面。将试样杯放在联合测定仪的升降座上,在圆锥上抹一薄层凡士林,接通电源,使电磁铁吸住圆锥。调节零点,将屏幕上的标尺调在零位,调整升降座,使圆锥尖接触试样表面,指示灯亮时圆锥在自重下沉入试样,经5s后测读圆锥下沉深度,取出试样杯,挖去锥尖入土处的凡士林,取锥体附近的试样不少于10g,放入称量盒内,测定含水率(图4-55、图4-56)。

2. 试验结果

试验测得福利院滑坡填土液限为24.9%,塑限为14.9%,残积层液限为45.5%,塑限为23.2%;小米畈滑坡坡积层液限为36.76%,塑限为21.7%,残积层液限为36.8%,塑限为21.0%;大旗山滑坡洪积层液限为30.7%,塑限为17.2%,残积层液限为45.3%,塑限为22.2%(图4-57、图4-58)。

图 4-55　代表性土样

图 4-56　液限、塑限联合测定法试验

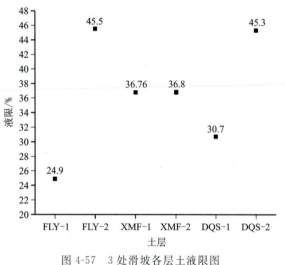

图 4-57　3 处滑坡各层土液限图

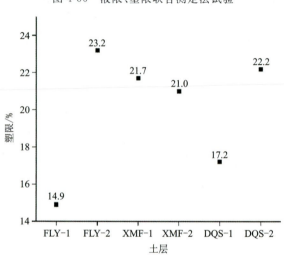

图 4-58　3 处滑坡各层土塑限图

(三)渗透系数

1. 试验步骤

研究需要考虑非饱和土的降雨渗流特性,因此有必要进行土体渗透性分析。土的渗透系数采用变水头法渗透试验测定。试验原理如下:通过干密度算得所需要土样的质量,将土样压入环刀中,然后放入饱和缸中抽气再充水饱和,将环刀中的饱和样品放入渗透容器中,在排除气泡水流稳定之后测得水头下降的高度和所需的时间,进而通过公式求得土样的渗透系数,试验过程如图 4-59、图 4-60 所示。

首先将根据环刀容积和要求干密度所需质量的湿土倒入装有环刀的压样器内,以静压力通过活塞将土样压紧到所需密度。然后在真空饱和装置中进行抽气饱和,在叠式饱和器下夹板的正中依次放置透水板、滤纸、带试样的环刀、滤纸、透水板,如此顺序重复,由下向上重叠到拉杆高度。将饱和器上夹板盖好后,拧紧拉杆上端的螺母,将各个环刀在上、下夹板间夹紧。将装有试样的饱和器放入真空缸内,真空缸和盖之间涂一薄层凡士林,盖紧。将真空缸与抽气机接通,启动抽气机,当真空压力表读数接近当地一个大气压力值时(抽气时间不少于 1h),微开管夹,使清水徐徐注入真空缸。在注水过程中,真空压力表读数宜保持不变。待水淹没饱和器后停止抽气,开管夹使空气进入真空缸。静止一段时间(细粒土宜为 10h),使试样充分饱和。之后进行安装与测试,将装有试样的环刀装入渗透容器,用螺母旋紧,要

第四章　堆积层滑坡接触面物理力学特性研究

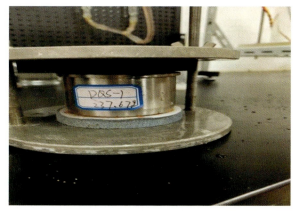

图 4-59　环刀样制取与安装

图 4-60　环刀样装入渗透容器

求密封至不漏水、不漏气。将渗透容器的进水口与变水头管连接,利用供水瓶中的纯水向进水管注满水,并渗入渗透容器,开排气阀,排除渗透容器底部的空气,直至溢出水中无气泡,关排水阀,放平渗透容器,关进水管夹。向变水头管注纯水,使水升至预定高度,水头高度根据试样结构的疏松程度确定,一般不应大于2m,待水位稳定后切断水源,开进水管夹,使水通过试样。当出水口有水溢出时开始测记变水头管中起始水头高度和起始时间,按预定时间间隔测记水头和时间的变化,并测记出水口的水温。

按式(4-7)计算试样的渗透系数:

$$K_T = 2.3 \frac{aL}{At} \lg_{10} \frac{h_1}{h_2} \tag{4-7}$$

式中:a 为变水头管截面积(m^2);L 为渗径,等于试样高度(m);h_1 为开始时水头(m);h_2 为终止时水头(m);A 为试样的断面积(m^2);t 为时间(s);2.3 为换算系数。

2. 试验结果

土的渗透性试验数据如图 4-61 所示,试验测得福利院滑坡填土层渗透系数为 $3.25×10^{-3}$ cm/s,残积层渗透系数为 $1.39×10^{-3}$ cm/s;小米畈滑坡坡积层渗透系数为 $1.70×10^{-4}$ cm/s,残积层渗透系数为 $1.94×10^{-3}$ cm/s;大旗山滑坡洪积层渗透系数为 $1.88×10^{-2}$ cm/s,残积层渗透系数为 $7.51×10^{-4}$ cm/s。由此可以看出,福利院滑坡两层土的渗透性相差不大,小米畈滑坡残积层渗透系数约是坡积层的10倍,大旗山滑坡两层土的渗透性差异最大,洪积层渗透性约为残积层的100倍,大旗山滑坡残积层相对于洪积层来说作用相当于隔水层。

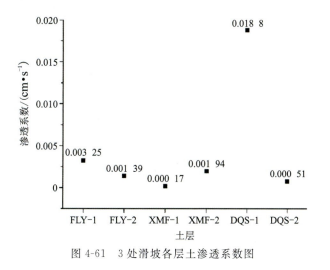

图 4-61　3 处滑坡各层土渗透系数图

三、力学性质测定

1. 试验过程

对3处滑坡各层土样的重塑样进行直剪试验,利用应变控制式直剪仪分别测出在不同荷载作用下,单一土体和两种不同土体接触面发生剪切所需要的切应力,将所得结果描点连线,所得直线即为试样的抗剪强度包线。抗剪强度包线的斜率与纵轴的截距即分别为内摩擦角的正切值与黏聚力。

制备不同含水率的环刀样时,将根据环刀容积要求、干密度以及试验要求含水率所需质量的湿土倒入装有环刀的压样器内,以静压力通过活塞将土样压紧以制得环刀样,如图4-62所示。福利院滑坡填土层配置的4组含水率分别为10%、16%、22%、26.9%(饱和),残积层4组含水率分别为10%、16%、22%、26.8%(饱和);小米畈滑坡坡积层配置的4组含水率分别为10%、16%、21%、27%(饱和),残积层4组含水率分别为10%、16%、21%、26.3%(饱和);大旗山滑坡洪积层4组含水率分别为10%、15%、20%、22.7%,残积层4组含水率分别为10%、16%、22%、23.9%(饱和)。

对各滑坡接触面进行直剪试验时,改变剪切试验,下剪切盒放置岩样或残积层样,岩样层面保持与剪切面平行,上剪切盒放置已固结的土样,上下层土样含水率配置组合为上述4组含水率由小到大一一对应组合,由于技术原因,土岩界面仅测定一组饱和条件下的抗剪强度。将高度20mm和10mm的环刀用透明胶粘在一起制成特殊压样器。将根据特制环刀容积和要求干密度以及一定含水率所需质量的湿土倒入装有环刀的压样器内,以静压力通过活塞将土样压紧以制得10mm高环刀样,如图4-63所示。

图4-62 制环刀样(用于单一土体测定)

图4-63 制环刀样(用于接触面测定)

真空饱和装置中,在叠式饱和器下夹板的正中,依次放置透水板、滤纸、带试样的环刀、滤纸、透水板,如此顺序重复,由下向上重叠到拉杆高度,将饱和器上夹板盖好后,拧紧拉杆上端的螺母,将各个环刀在上、下夹板间夹紧。将装有试样的饱和器放入真空缸内,真空缸和盖之间涂一薄层凡士林,盖紧。将真空缸与抽气机接通,启动抽气机,当真空压力表读数接近当地一个大气压力值时(抽气时间不少于1h),微开管夹,使清水徐徐注入真空缸,在注水过程中,真空压力表读数宜保持不变。待水淹没饱和器后停止抽气。开管夹使空气进入真空缸,静止一段时间,使试样充分饱和,如图4-64所示。

对于单一土体安装试样,对准剪切容器上下盒,插入固定销,在下盒内放透水板和滤纸,将带有试样的环刀刃口向上,对准剪切盒口,在试样上放滤纸和透水板,将试样小心地推入剪切盒内。对于两种岩土体安装式样,先将固结好的岩土样置于剪切盒底座上,褪去土样的环刀,对准试样依次放入剪切容器上下盒,插入固定销,对准剪切盒口,在试样上放滤纸和透水板,如图 4-65 所示。

图 4-64 抽气饱和

图 4-65 将环刀试样装入固结容器

根据工程实际和土的软硬程度,逐级施加 100kPa、200kPa、300kPa、400kPa 的垂直压力。拔去固定销,以 0.08mm/min 的剪切速度进行剪切,每隔 30s 记录位移读数,直至测力计读数出现峰值,继续剪切至剪切位移为 4mm 时停机,记下破坏值。当剪切过程中测力计读数无峰值时,剪切至剪切位移为 6mm 时停机,如图 4-66 所示。

图 4-66 直剪试验

2. 不同含水率下的抗剪强度指标

通过对试验数据的处理和分析,得出 3 处滑坡单一土层和接触面在不同含水率条件下的抗剪强度参数值如表 4-8 和表 4-9 所示。

表 4-8 不同含水率下单一土层抗剪强度参数值表

土层	不同含水率 ω/%							
	10		16		22		26.9	
	c/kPa	φ/(°)	c/kPa	φ/(°)	c/kPa	φ/(°)	c/kPa	φ/(°)
FLY-1	30.53	26.52	21.70	25.83	17.53	25.22	12.20	24.86
FLY-2	23.32	24.70	19.29	24.47	12.56	22.99	8.72	21.29
XMF-1	21.53	21.66	16.67	20.25	10.42	19.85	6.95	17.96
XMF-2	15.28	24.1	11.11	23.56	9.72	23.06	5.90	22.11
DQS-1	26.04	25.09	18.61	24.21	12.08	23.78	8.06	22.80
DQS-2	28.93	23.86	22.34	23.82	14.34	23.70	9.10	23.29

表 4-9 不同含水率下接触面抗剪强度参数值表

试样编号	含水率	黏聚力/kPa	内摩擦角/(°)
DQS-1、DQS-2	DQS-1-10%	9.028 5	29.96
	DQS-2-10%		
	DQS-1-15%	7.945	28.51
	DQS-2-16%		
	DQS-1-20%	6.250 5	27.76
	DQS-2-22%		
	饱和	5.556	26.39
DQS-2(基岩)	饱和	3.333 6	27.84
FLY-1、FLY-2	FLY-1-10%	9.723	27.08
	FLY-2-10%		
	FLY-1-16%	8.334	26.89
	FLY-2-16%		
	FLY-1-22%	6.945	25.47
	FLY-2-22%		
	饱和	5.208 8	24.39
FLY-2(基岩)	饱和	3.472 5	24.36
XMF-1、XMF-2	XMF-1-10%	8.334	27.98
	XMF-2-10%		
	XMF-1-16%	7.292 3	27.08
	XMF-2-16%		
	XMF-1-21%	5.903 3	26.76
	XMF-2-21%		
	饱和	4.167	23.97
XMF-2(基岩)	饱和	2.43	21.87

为了能凸显接触面强度变化与单层土体层内强度变化数据的差异,分别绘制变化曲线放在同一张图上做对比,如图 4-67～图 4-72 所示。由此可以得到以下信息:①随着含水率的升高,黏聚力和内摩擦角都在下降;②从总体上看,接触面的黏聚力要远低于单一土层的黏聚力,接触面在 4 组含水率条件下的黏聚力值均小于 10kPa,随着含水率变化下降幅度较小;③从内摩擦角变化图中可以看出,接触面的内摩擦角整体要大于单一土层内摩擦角,接触面在 4 组含水率条件下的内摩擦角均大于 20°。从黏聚力和内摩擦角的变化情况可以看出,接触面强度主要依靠的是颗粒间的咬合强度,而非黏结强度,这可能也与试验所取的土样含砂和碎砾石较多有关。

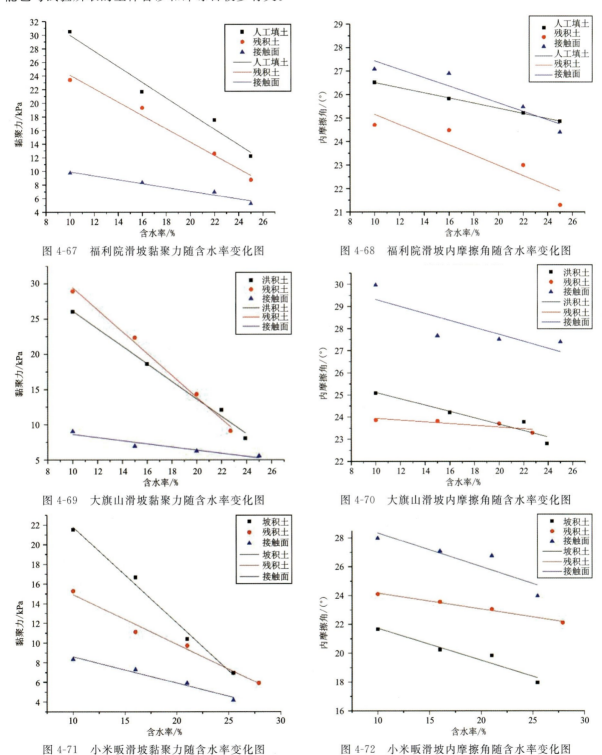

图 4-67 福利院滑坡黏聚力随含水率变化图　　图 4-68 福利院滑坡内摩擦角随含水率变化图

图 4-69 大旗山滑坡黏聚力随含水率变化图　　图 4-70 大旗山滑坡内摩擦角随含水率变化图

图 4-71 小米畈滑坡黏聚力随含水率变化图　　图 4-72 小米畈滑坡内摩擦角随含水率变化图

四、电镜扫描及 X 射线衍射实验结果分析

1. 矿物成分

由于堆积层滑坡是降雨诱发形成的,土中黏土矿物如蒙脱石、伊利石、高岭石和绿泥石等具有亲水性,遇水发生不同程度的膨胀,这将破坏土体的结构和强度,故测定土层中黏土矿物的含量具有重要作用。

在进行矿物分析前,先进行 X 射线荧光光谱分析,检测化学成分,仪器型号为 AXIOSmAX 型,检测结果如表 4-10 所示。从表 4-10 中可以看出,福利院滑坡填土层相比残积层 Si 含量较高,同时 Na 和 K 含量也相对较高,而 Mg 和 Ca 含量相对较低;大旗山滑坡洪积层相比残积层 Si、Na、K、Mg、Ca 含量均较高,但总体相差不大。

表 4-10 各滑坡堆积层化学成分分析表

试样标号	化学成分百分含量/%									
	SiO_2	Al_2O_3	TFeO	MgO	CaO	Na_2O	K_2O	MnO	TiO_2	P_2O_5
FLY-1	67.60	15.08	3.88	0.71	0.68	2.11	2.77	0.12	0.89	0.07
FLY-2	43.07	20.50	12.49	1.53	4.20	1.74	1.66	0.25	2.57	0.91
DQS-1	58.87	20.07	5.87	0.66	0.32	1.05	3.23	0.07	0.78	0.05
DQS-2	61.85	18.02	5.21	0.82	0.45	1.81	3.46	0.16	0.80	0.08
XMF-1	43.07	21.55	11.99	2.89	3.15	1.62	1.41	0.16	1.56	0.17
XMF-2	54.05	20.85	6.18	1.47	1.77	2.94	2.93	0.11	0.90	0.04

矿物成分分析采用 X 射线衍射仪,仪器型号为 Bruker D8 Advance 型,各层土样检测结果分析图如图 4-73~图 4-78 所示。

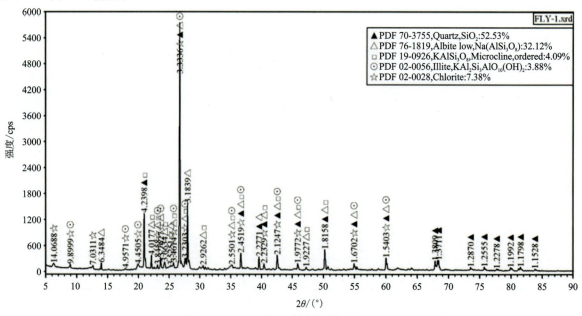

图 4-73 FLY-1 的 X 射线衍射试验分析图

第四章 堆积层滑坡接触面物理力学特性研究

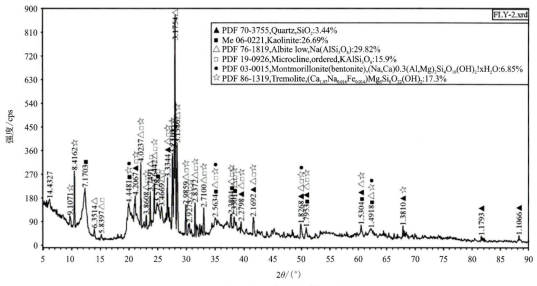

图 4-74 FLY-2 的 X 射线衍射试验分析图

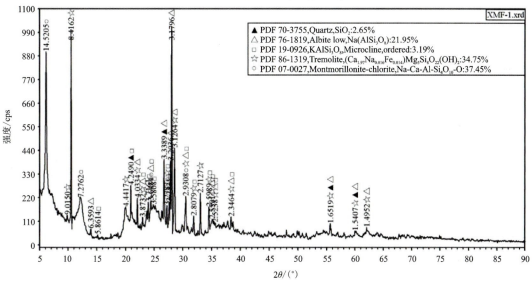

图 4-75 XMF-1 的 X 射线衍射试验分析图

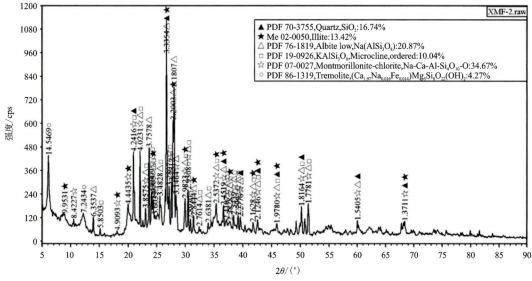

图 4-76 XMF-2 的 X 射线衍射试验分析图

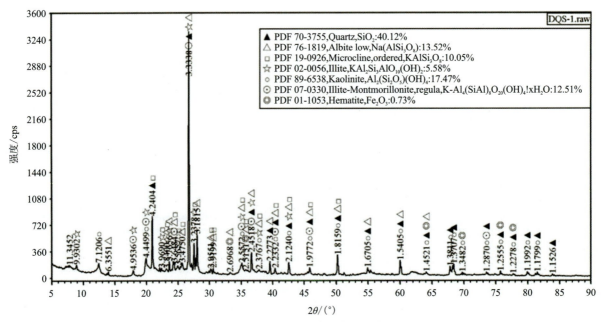

图 4-77　DQS-1 的 X 射线衍射试验分析图

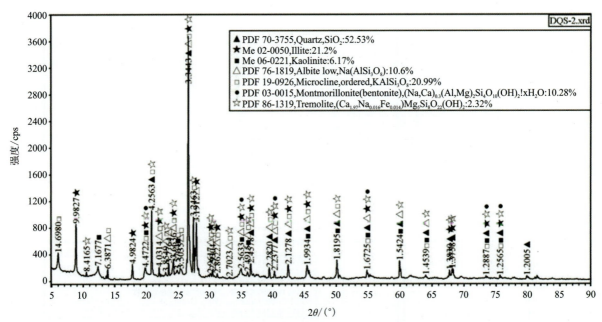

图 4-78　DQS-2 的 X 射线衍射试验分析图

通过对各层土样 X 射线衍射试验进行分析得出相应的矿物成分种类及含量如表 4-11 所示。从表 4-11 中明显可以看出，福利院滑坡填土层中黏土矿物种类和含量明显偏低，黏土矿物为伊利石和绿泥石，含量为 11.26%，石英含量明显偏高，达到 52.53%；残积层中黏土矿物为蒙脱石和高岭石，黏土矿物含量为 33.54%，石英含量明显偏低，仅 3.44%。小米畈滑坡坡积层中所含黏土矿物种类少，含量明显偏低，仅为蒙脱石，含量为 37.45%，石英含量明显偏低，仅 2.65%；残积层中黏土矿物为蒙脱石和伊利石，含量为 48.09%，石英含量明显偏高，达 16.74%。大旗山滑坡洪积层中黏土矿物有蒙脱石、伊利石和高岭石，黏土矿物含量为 37.65%，石英含量明显较低，仅 28.44%，残积层中黏土矿物有蒙脱石、伊利石和高岭石，黏土矿物含量为 35.56%，石英含量明显较高，达到 40.12%。从矿物种类和含量对比可以看出,福利院滑坡填土层与残积层矿物成分差异大,明显物源不同。残积层中黏土矿物高,对水的反应较敏感,填土中石英含量高,石英抗风化,性质稳定,黏土矿物含量低,对水的反应不敏感;小米畈滑坡坡积层和残积层矿物成分相近,物源相同,其中残积层中黏土矿物种类较多且含量明显较坡积层要高,因此水对残积层的影响较大;大旗山滑坡洪积层和残积层矿物成分相近,洪积物中微斜长石和透闪石可能来源于母岩未分化矿物,残积层中由于风化剧烈,微斜长石和透闪石均已变为黏土矿物,洪积层与残积层物源因都来自母岩风化。洪积层中黏土矿物含量较高,石英含量较低,对水的反应较敏感,残积层中黏土矿物含量较低,石英含量较高,对水的反应较不敏感。因此,从矿物成分角度可以得出,降雨作用对福利院滑坡残积层作用比填土层作用大,对小米畈滑坡残积层作用比坡积层大,对大旗山滑坡洪积层作用比残积层作用大。

表 4-11 各层土体矿物成分百分含量表

土层	矿物成分百分含量/%								
	石英	低钠长石	微斜长石	透闪石	蒙脱石	伊利石	高岭石	赤铁矿	绿泥石
FLY-1	52.53	32.12	4.09			3.88			7.38
FLY-2	3.44	29.82	15.90	17.30	6.85		26.69		
XMF-1	2.65	21.95	3.19	34.75	37.45				
XMF-2	16.74	20.87	10.04	4.27	34.67	13.42			
DQS-1	28.44	10.60	20.99	2.32	10.28	21.20	6.17		
DQS-2	40.12	13.52			12.51	5.58	17.47	0.73	

2. 微观结构

取 3 处滑坡滑动面附近土样,将所取样品细碎至小于 $2\mu m$ 并采用扫描电子显微镜(SEM)分析其微观结构,在不同成像倍数下得到微观结构图像,重点观察黏土矿物结构、矿物排列方式、矿物间微孔隙与微裂隙发育情况及贯通情况、孔隙与裂隙延展方向和长宽等信息(图 4-79)。

图 4-80、图 4-84、图 4-82 为 3 处滑坡滑面处土样在放大 100 倍效果下形成的图像,图像可见较明显的线性擦痕,擦痕延伸方向表示滑坡滑动方向(红色箭头表示擦痕延伸方向)。其中,大旗山滑坡和小米畈滑坡擦痕清晰可见,延伸性好,擦痕间存在沟槽,说明两处滑面受多次挤压摩擦作用,滑坡可能存在多次滑动或长期蠕滑现象。

图 4-83、图 4-84、图 4-85 分别为福利院滑坡滑面土样放大 1000 倍、大旗山滑坡滑面土样放大 2000 倍、小米畈滑坡滑面土样放大 5000 倍的图像,图中清晰可见片状结构和碎屑状结构矿物混合。其中,福利院滑坡和大旗山滑坡可见大量碎屑状矿物混少量片状矿物,小米畈滑坡可见大量片状矿物混少量碎屑状矿物。

图 4-86、图 4-87、图 4-88 为 3 处滑坡滑面处土样在放大 10 000 倍效果下形成的图像,清晰可见大量具片状结构和叠片状结构矿物,有明显的层状定向排列特征。黏土矿物颗粒之间的接触方式大都为面-面接触,可能是滑坡在滑动时由局部剪切错动作用造成的。同时微孔隙和微裂隙大量发育,长 100~200μm,宽 5~10μm,主要为剪切作用和雨水淋滤、矿物溶蚀形成。在降雨的作用下,这些微孔隙和微裂隙的相互贯通将促使滑坡失稳。

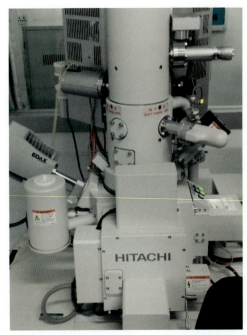 

图 4-79　试验设备及制片

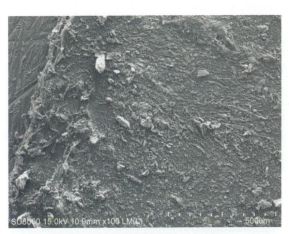

图 4-80　福利院滑坡 100 倍图像

图 4-81　大旗山滑坡 100 倍图像

图 4-82　小米畈滑坡 100 倍图像

图 4-83　福利院滑坡 1000 倍图像

图 4-84　大旗山滑坡 2000 倍图像

图 4-85　小米畈滑坡 5000 倍图像

图 4-86　福利院滑坡 10 000 倍图像

图 4-87　大旗山滑坡 10 000 倍图像

图 4-88　小米畈滑坡 10 000 倍图像

第四节　接触面物理力学特性分析

(1)滑坡各层堆积体物质组成分析结果表明,福利院滑坡和小米畈滑坡粒度成分差异较小,大旗山滑坡洪积物和残积物粒度成分差异明显,洪积物粒度明显大于残积物粒度。

(2)物理性质、水理性质比较结果表明,福利院滑坡填土土粒相对密度、密度、孔隙度高于残积物,液限、塑限含水率低于残积物,含水率和渗透系数相近;小米畈滑坡坡积物土粒相对密度、密度、渗透系数要低于残积物,含水率和塑限要高于残积物,孔隙比和液限相近;大旗山滑坡洪积物土粒相对密度、密度、天然含水率高于残积物,孔隙比、饱和含水率和液限、塑限低于残积物,洪积物渗透系数明显高于残积物。

(3)力学性质比较结果表明,3处滑坡接触面黏聚力明显低于单一土体,但接触面内摩擦角高于单一土体,说明不同成因类型土层之间主要依靠摩擦强度维持稳定,而非黏结强度。

(4)矿物成分测定试验结果表明,福利院滑坡人工填土和残积物物源不同,矿物种类差异及含量差异大,填土中黏土矿物含量明显低于残积物中黏土矿物含量;小米畈滑坡坡积物中所含黏土矿物种类少,含量明显低于残积物;大旗山滑坡洪积物和残积物矿物种类及含量相近,表明物源一致,黏土矿物含量相近。

(5)微观结构测定试验进一步确定了3处滑坡滑动面发育位置,滑坡滑动面矿物呈定向排列且具有大量微孔隙和微裂隙,水可以直接进入土体中使其强度降低。微孔隙和微裂隙影响土体的含水量,是滑坡滑动因素之一。

第五章　堆积层滑坡孕灾条件及孕灾机理研究

第一节　堆积层滑坡孕灾条件研究

选取九资河镇为对象,研究堆积层斜坡孕灾条件。九资河镇位于湖北省黄冈市罗田县,地处鄂皖两省三县(英山、罗田、金寨)交界的大别山主峰天堂寨脚下罗田县内东北部。研究区总面积为109.9km²,东距省会武汉市160km,西南距黄冈市驻地黄州115km。地理坐标:东经115°37′—115°45′,北纬31°05′—31°10′。

地形地貌是堆积体斜坡失稳的重要因素之一,其中相对高差、地形坡度、斜坡结构特征是控制和影响滑坡发育的主要原因。通过对罗田县九资河镇堆积体地形几何与地质结构特征野外调查,提出堆积层斜坡孕灾关键特征因子区域分布的确定方法,并概化出研究区主要堆积层斜坡类型及典型斜坡地质结构模型,在此基础上总结堆积层斜坡孕灾条件。

一、地形地貌

研究区所处大别山南麓属中山、低山及丘陵区地貌,山脉多呈北东展布,地势北东高、南西低,东北部的大别山主峰天堂寨海拔1729m,为区内最高点。地貌形态为中山区、低山丘陵区(图5-1)。地形地貌是堆积体斜坡失稳的重要因素之一,其中相对高差、地形坡度、斜坡结构特征是控制和影响滑坡发育的主要原因。山区地貌具备了地质灾害发育的地形高差和坡度特征,控制了地质灾害的发育分布范围,顺向结构和凹形斜坡对滑坡发育影响大,这种结构形态的斜坡地带滑坡分布较为集中。

二、气象

研究区属于北半球亚热带季风气候的江淮小气候区,雨量充沛,所在县境北部降雨量比县南降雨量多150~300mm,年最大降雨总量2895mm(1959年),每小时最大降雨总量107.3mm(1988年8月9日7时)。罗田县年平均降雨量较多,年降雨量波动较大,年际变化明显。区内降雨多集中在4—8月,占全年雨量的66.4%,且降雨具有连续集中、强度大、突发性强、时空分布不均等特征。根据近61年统计资料,罗田县汛期多暴雨,并且6月、7月、8月日雨量多为大到暴雨,雨时短而集中,其中降雨量最大的为7月份,多年月平均降雨量为231.4mm。

三、地层岩性

研究区内地层主要为大别-吕梁期、燕山期侵入岩及新生界。大别-吕梁期及燕山期侵入岩以天堂寨—三河一带为中心,混合岩化作用向四周由强逐渐变弱。太古宇大别群岩性组合比较单一,由各种片

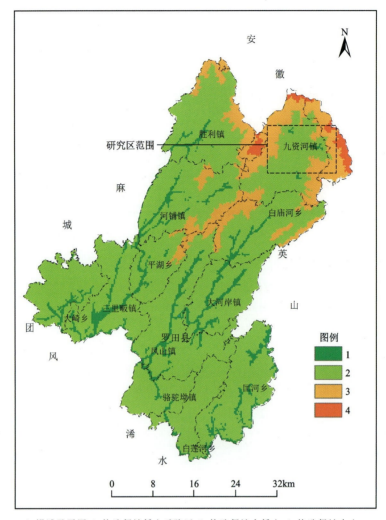

1.漫滩及平原；2.构造侵蚀低山丘陵区；3.构造侵蚀中低山；4.构造侵蚀中山。

图 5-1 研究区及周边地貌分区图

麻岩交替成层,形成多级的韵律特征,夹透镜状的大理岩、磁铁角闪岩、磁铁石英岩和薄层浅粒岩、变粒岩等。该变质岩系列经历了大别-吕梁期混合岩化、花岗岩化作用,形成各种类型的混合岩及混合花岗岩。新生界主要出露第四系全新统,由冲积、冲洪积、残坡积的粉质黏土、砂、砂砾石等物质组成,零星分布于河流两侧、山前盆地及山体表层。

岩性主要为大别-吕梁期侵入岩,主要为混合花岗岩等岩石类,岩石呈浅红色,风化后成黄灰、黄褐色,中粒结构,具球状风化特征。主要矿物有奥长石、石英、黑云母等,与围岩呈渐变关系。

四、地质构造

研究区内已有构造按方位计,主要断裂有北北东向构造、北东东向构造、北东向构造、南北向构造。其中,北北东向构造在区内主要表现为断裂及节理密集带、片理带。这组断层共计有 4 条,分布于测区西部、西北部,分别为吴家店-胜利断层(F12)、凉亭河-平湖断层(F13)、三角尖-僧塔寺断层(F17)、七道河断层(F37)。北东东向构造主要发育在区内西部,表现为破碎型结构面。这组断层主要是产生水平错动,错距较小,但造成的破碎带范围较大、较强烈,糜棱岩化、硅化显著,见水平斜列擦痕,脉岩较不发育。北东向构造为测区最显著的构造形迹之一,不论是山型、水系的排列,还是地层的展布,都有清楚的显示,实为控制研究区的主干构造。它包括不同规模的褶皱、断层等一系列的压扭性结构面。南北向构造主要有三里畈断层(F36)和石源河断层(F40)。南北向构造明显穿插在北东向构造之中,或将北东向构造改造成南北向。据前所述,按各构造形迹的排列方位、形态特征及成生联系,可将测区构造归纳为3个构造体系,即北东向构造带、弧形构造带、淮阳"山"字形体系(脊柱部分)(图5-2)。

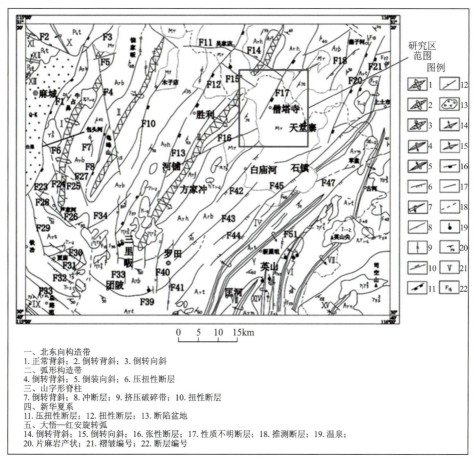

一、北东向构造带
1. 正常背斜;2. 倒转背斜;3. 倒转向斜
二、弧形构造带
4. 倒转背斜;5. 倒装向斜;6. 压扭性断层
三、山字形脊柱
7. 倒转背斜;8. 冲断层;9. 挤压破碎带;10. 扭性断层
四、新华夏系
11. 压扭性断层;12. 扭性断层;13. 断陷盆地
五、大悟—红安旋转弧
14. 倒转背斜;15. 倒转向斜;16. 张性断层;17. 性质不明断层;18. 推测断层;19. 温泉;
20. 片麻岩产状;21. 褶皱编号;22. 断层编号

图 5-2 区域构造纲要图

五、岩土类型及其工程性质

区内岩土体根据类型、结构、岩性组合及工程地质特征可划分为三大岩类、6个工程地质岩组。

1. 岩浆岩类工程地质岩组

(1)块状坚硬—较坚硬花岗岩、闪长岩岩组。花岗岩坚硬、性脆,力学强度较高,干抗压强度117.72~215.82MPa,抗风化能力差,风化后强度明显降低。

(2)块状坚硬—较坚硬侵入岩脉岩组。侵入岩岩性坚硬、性脆,抗风化能力较强,力学强度较高,多呈条带状、树枝状穿插于各类片麻岩中。

2. 变质岩类工程地质岩组

该岩类岩性为黑云角闪斜长片麻岩、花岗闪长片麻岩、斜长角闪岩、黑云二长片麻岩、含黑云奥长片麻岩、花岗质片麻岩,岩体力学强度较高,干抗压强度 78.48~196.20MPa,以脆性变形为主。

3. 第四系松散岩类工程地质岩组

该岩类主要由第四系全新统冲积、冲洪积及残坡积的粉质黏土、砂、砂砾石等组成,按粒度、成因和结构特点分为以下两个岩组:

(1)砂、砂砾石松散岩组。主要分布于河流漫滩、阶地及沟谷地带,为第四系松散堆积物,物质成分为粉质黏土、砂、砂砾石,具二元结构,结构松散,力学性质差。

(2)粉质黏土松散岩组。主要分布于山体表层,物质成分为粉质黏土,局部夹碎(块)石、砾石。该岩组结构松软,力学性质差,主要分布于区内较少的平原地带。

六、水文地质条件

1. 地下水类型及富水性

区内经多期构造运动,断裂发育,岩体中裂隙较为密集,有利于大气降水入渗,但岩体本身含水性较差,故地下水较为贫乏。根据赋存条件和含水层的孔隙性质,地下水可划分为松散岩类孔隙水和基岩裂隙水两种类型。

(1)松散岩类孔隙水。主要分布于冲沟地带、河流漫滩及一级阶地,由第四系全新统冲积和冲洪积粉质黏土、砂、砂砾石层组成,厚度不等,一般为0~27m,砂砾颗粒直径一般为0.3~3mm,磨圆度较好,松散,透水性好,主要接受大气降水补给,与河水存在互补关系。地下水以孔隙潜水的方式储存运移,水位随季节变化,水位埋深一般1.2~3.0m,富水程度受含水段岩性、厚度及补给条件的影响,一般在漫滩和阶地前缘富水,后缘较贫乏,单井涌水量一般小于$10m^3/d$。

(2)基岩裂隙水。该含水岩组主要是带状混合花岗岩夹有片麻岩包裹体,岩性复杂,矿物颗粒较粗,由于混合岩化强烈作用,岩体多呈块体状或片麻状构造,裂隙较发育,地下水储存于裂隙中。泉水露头较多,流量较稳定,一般小于$10m^3/d$。

2. 地下水补、径、排特征

区内松散岩类孔隙水主要接受大气降水和地表水补给。在山前地带和流水冲沟两侧,含水层除直接接受大气降水垂直渗入补给水外,还接受基岩裂隙水的补给,向支流冲沟一级阶地前缘排泄,其水位与降水有关,枯水期或旱季含水层基本疏干。基岩裂隙水主要接受大气降水补给,一般表现为径流途径短、近源排泄、动态变化大的特点,但在由断裂控制的含水地段,径流途径相对较长,地下水常以接触下降泉和侵蚀下降泉的形式出露,偶见裂隙上升泉。此外,地下水常在雨后于山坡低洼地带的强风化层与新鲜岩石接触呈片状渗溢,时间稍长即枯竭。

二、堆积层斜坡孕灾因子调查分析

根据九资河镇研究区的工程地质条件、罗田县内已有的228个堆积层斜坡调查资料以及研究区滑坡发育变形特征和前人对斜坡孕灾因子的研究成果,最终筛选出的孕灾关键特征因子主要包括地形因子(高程、斜坡坡度、斜坡坡形)、堆积物岩土体类型、地下水深度及覆盖层厚度。

(一)地形因子

此次研究前期开展了九资河镇地质灾害调查工作,已取得4幅地形图,分别为佛塔寺图幅

(H50G021027)、降风殿图幅(H50G021028)、滥泥畈图幅(H50G022027)、圣人堂图幅(H50G022028),地形图的比例尺为1∶10 000,达到图上1mm代表实际10m的精度,等高距为20m。因此,基于此地形图能够反映出最小20m的详细地形因子解析度。

高程、斜坡坡度、斜坡坡形因子的获取精度都是在等高线精度的基础上确定的。其中,高程的精度水平可以达到每隔20m有相对应的数据;斜坡坡度是坡面的垂直高度和水平宽度的比值,通过表面法线计算各三角形的坡度得到,其精度也是每隔20m有相对应的数据;斜坡坡形是用来描述斜坡单元的起伏程度,坡形的确定精度是在斜坡单元划分的基础上建立的,而斜坡单元划分是根据研究区山谷和山脊圈定确定,比较符合实际情况。

(二)堆积物岩土体

由于研究区范围较大,且区内的堆积物岩土体长期受到地质作用的影响,其物质组成和特性参数具有明显空间变异性,这就导致调查各地层岩土体特性参数是不切实际的。因而,为了能够得到更加精细的、有代表性的区域岩土体特性参数,将整个研究区划分为不同的岩性区,划分依据主要是基于前期开展的研究区地质灾害风险调查资料、研究区相关勘察资料等。可以发现,研究区内堆积物岩土体可划分为第四系全新统冲积、冲洪积及残坡积粉质黏土、砂、砂砾石。划分精度以1∶10 000比例尺的MapGIS矢量文件格式的地质图为基础,达到图上1mm代表实际10m的水准。

选取不同岩性区内有代表性的岩土体类型,由于堆积物岩土体的物质组成在空间上的差异主要表现在颗粒级配特征,因此可以充分利用堆积物的碎石土含石量和粒度组成与力学、水力学参数之间的关系来获取不同岩性区内代表性岩土体的特性参数。首先,在选定的岩性区布置测线,对测线内连续取样区的碎石土取样、编号并拍照,试样干燥后经手搓处理使土、石分离,称取一定质量的干燥土样进行筛分,分离不同级配的颗粒,得到碎石土的颗粒级配特征信息。随后,基于碎石土特性参数经验公式,结合得到的碎石土物质组成及颗粒的级配参数,通过经验公式计算不同岩性区内岩土体碎石土样的力学和水力学参数。最后,结合研究区勘察资料和部分地区试验数据得到不同岩性分区的土体力学参数和水文力学参数,经野外现场调查核实,本书所采用的筛土试验方法获取的研究区堆积物岩土体特性参数具有一定的可靠性,岩性区的划分精度也符合实际堆积物岩性的差异性。在区域尺度条件下,这种方法获取的岩土体特性参数精度能够反映不同岩性区内具有代表性的堆积物岩土体特性参数的空间分布差异和一般状况,满足研究区斜坡危险性评价的需求。

(三)地下水深度

区域地下水深度是一个动态指标,在空间上受到地形地势、植被等因素的影响而变化,且随着外部环境因素(如降雨)在时间上发生变化。例如,由于降雨量的差异,区域地下水深度在夏季和冬季就不相同,夏季地下水深度较小,冬季地下水深度较大,且区域上不同位置的变幅也各不相同。例如,在海拔较高、地势较陡的地区径流频繁,地下水难以保持,变幅大,总体水位较深;而在海拔较低、地势较平缓的地区,地下水容易保持,变幅小,总体水位较浅。区域地下水深度的动态性导致了水位深度的测量和估计具有一定的复杂性。

此次调查的目的是为研究区堆积层斜坡危险性分析提供初始的地下水条件参考值,以反映研究区地下水动态变化过程的一般状况。因此,本次工作以已有勘察资料中关于地下水水位的数据为参考,主要通过实际调查(图5-3)确定了研究区地下水分布状况。在地下水调查过程中,主要通过访问了解水井的变化范围以及对水库、地下水露头等进行测量,获得调查点地下水水位的平均值,然后通过调查点数据和空间插值估计区域地下水深度分布,作为后续分析的初始地下水条件。

图 5-3 研究区地下水深度现场调查

本次共获得 236 个地下水水位的调查点,它们的空间分布如图 5-4 所示。这些调查点主要分布在水库周边和地势较平缓等适合居民居住的地方。总体上,调查点在研究区的分布较为均匀,精度水平可满足插值条件。其余位置的地下水水位是通过调查点数据内外插值得到的估计值。在区域尺度条件下,此精度能够反映研究区地下水水位深度分布的空间差异和一般状况,满足研究区斜坡危险性评价的需求。

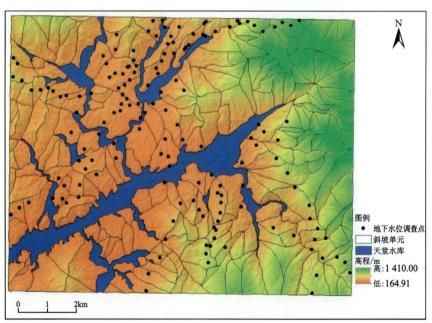

图 5-4 研究区地下水深度调查点分布图

(四)覆盖层厚度因子

目前区域尺度的斜坡系统中对覆盖层厚度认识较少且难以全面测量,仅在小尺度范围且已开展详细勘探的场地才有详细的覆盖层厚度数据。对一整个区域来说,尤其是多山地区,范围大且地质条件复杂,详细调查覆盖土层厚度既不经济也较难实现。

区域尺度上的覆盖土层厚度分布受到多个因素的影响,例如基岩风化程度、气候影响、斜坡坡度、斜坡曲率、上坡贡献区域(斜坡剖面内相对位置)、植被覆盖及外界营力等。研究表明,覆盖层厚度与曲率之间成负相关关系。其次,斜坡坡度也是影响土体堆积和流失的重要因素。当斜坡坡度接近某一临界值时,滑坡发生的规模和频率会逐渐增大,影响覆盖层厚度分布。再者,影响覆盖层厚度的另一个因素是斜坡剖面内相对位置。例如,外界因素使得坡顶及坡腰的岩土体发生滑移,坡脚处地形凸起实际上是高覆盖层厚度的标志,但位于坡顶位置处凸起则表征岩土体发生侵蚀形态,具有较浅的土层深度。但这两种情况下,斜坡曲率和坡度可能是一致的。为了避免这种易被忽略的情况,考虑斜坡剖面中的相对位置非常有必要且符合实际情况。这些因素的复杂性导致了覆盖层厚度的估计极具挑战性。

1. 地貌学覆盖层厚度模型

地貌学覆盖层厚度模型(geomorphologically indexed soil thickness model,GISTM)由 Filippo Catani 等(2010)提出。该方法将覆盖层厚度与斜坡坡度、斜坡曲率以及斜坡相对位置 3 个地貌指标联系起来,并基于修正的经验公式估算区域覆盖层厚度。该模型在意大利中部的 Terzona Creek 盆地进行了测试,得到了很好的效果,为获取区域覆盖层厚度提供了新思路。

在 GIST 模型框架的基础上,结合研究区实际情况,在部分细节处理上与原方法不尽相同,以获取研究区覆盖层厚度参数,现将方法介绍如下。

以斜坡单元为基本单元,根据不同地貌指标对覆盖层厚度的作用规律,分别对每一个斜坡单元内的斜坡曲率、斜坡坡度和斜坡相对位置进行转换,得到数值为 0~1 之间的因素贡献指数:斜坡曲率贡献指数(C)、斜坡坡度临界值贡献指数(Ψ)及斜坡相对位置厚度贡献指数(η)。

(1)斜坡剖面曲率贡献指数(C)。C 的确定是将真实的曲率值进行线性归一化处理,这里的曲率值是基于数字高程模型(DEM)计算确定的标准曲率值。标准曲率综合了剖面曲率与平面曲率,其中剖面曲率影响地表径流的加速和减速,平面曲率影响地表径流的汇聚和分散,因此标准曲率更能表征覆盖层的侵蚀和沉积情况。由于曲率与覆盖层厚度成负相关关系,在一个斜坡单元内,曲率贡献指数越大,覆盖层厚度越小。因此,可推导出($1-C$)与覆盖层厚度成正相关关系。

(2)斜坡坡度临界值贡献指数 Ψ。Ψ 是通过以下公式确定:

$$\Psi = \begin{cases} (1+\tan\theta_{th})^{-1} & (\theta > \theta_{th}) \\ 1 & (\theta \leqslant \theta_{th}) \end{cases} \tag{5-1}$$

式中:θ_{th} 为坡度临界值(°),在不同地层岩性内摩擦角的基础上考虑黏聚力和植被固结作用,通过反分析和观察、统计进行确定。一般情况下坡度临界值稍大于内摩擦角。

(3)斜坡相对位置贡献指数(η)。η 的确定需要两个步骤:首先计算一个点的斜坡相对位置 P,然后根据不同坡形斜坡单元的地貌演化过程将 P 转换为斜坡相对位置贡献指数 η。斜坡相对位置(P)通俗来讲就是斜坡单元内某点到坡顶位置的水平距离,将坡顶位置设为 0,坡脚位置设为 1,其值在 0~1 之间。基于均一化的斜坡相对位置 P,确定与 P 对应的相对位置贡献指数(η),这需要通过野外实测的覆盖层厚度拟合出 P-η 之间的函数关系。由于不同坡形斜坡单元的地貌形成过程不同,覆盖层厚度在斜坡剖面上的分布规律不同,因此不同坡形斜坡单元 P-η 之间的函数关系需要分别确定。斜坡相对位置贡献指数(η)越大代表该点处的覆盖层厚度值越大。

将确定的 C、Ψ 和 η 代入以下经验公式,即可确定覆盖层厚度:

$$h = k_c \cdot (1-C) \cdot \eta \cdot \Psi \tag{5-2}$$

式中:($1-C$)与覆盖层厚度成正相关关系;h 为覆盖层厚度(m);k_c 为校准参数(m),需要根据现场实测的覆盖层厚度进行确定,不同斜坡坡形的校准参数不同,即每种坡形类型确定一个 k_c 常数,C、η 和 Ψ 之积的纯数字可以通过 k_c 转换为覆盖层厚度值。

以上这种获取区域覆盖层厚度的方法即为经验地貌学覆盖层厚度模型（GIST），模型的流程如图5-5所示。

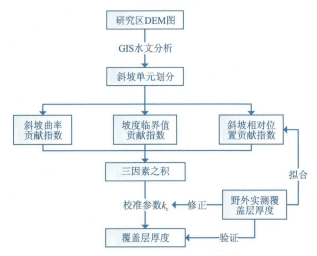

图5-5　GIST模型获取覆盖层厚度流程图

2. 研究区覆盖层厚度野外调查

一般来说，对研究区覆盖层厚度的调查越详细，研究区覆盖层厚度分布的估计就越符合实际。将研究区已经存在的覆盖层断面露头作为调查点，对研究区开展有限数量的覆盖层厚度调查，用于研究区覆盖层厚度分布估计的校核与验证。将获取的251个厚度调查点分为两组，一组用来校准模型，另一组用于验证结果。

1）研究区覆盖层厚度的调查方法

野外调查的主要目的是拟合出研究区不同坡形（如凹凸形坡、凸凹凸形坡和凸形坡）斜坡单元内相对位置（P）与其贡献指数（η）之间的函数关系，以及按不同坡形覆盖层厚度范围确定校准参数（k_c）。调查路线穿越不同斜坡单元时，既获得了不同坡形斜坡单元内厚度值，还获得了相同坡形斜坡单元不同位置厚度值。例如，当在某一个凹凸形斜坡单元内只测量到坡脚位置的覆盖层厚度，而难以测量到该斜坡单元其他位置的厚度值时，可以在另一个凹凸形斜坡单元内测量到坡腰或者坡顶位置厚度值。随着厚度测点的不断增多，凹凸形斜坡单元多个位置将都有厚度调查点。研究区覆盖层厚度调查方法的具体操作步骤如下：

(1)基于研究区斜坡坡形图，在奥维地图上布置调查路线，原则是尽可能穿越不同斜坡单元。

(2)利用调查路线上的覆盖层断面露头，判断调查点所属斜坡单元的相对位置（坡脚、坡腰或坡顶），并对斜坡单元进行编号记录，再利用钢尺、卷尺和测距仪测量覆盖层厚度。

(3)将调查点位录入ArcGIS系统中，将不同斜坡单元的厚度测量数据按坡形分类（图5-6），并统计不同坡形的斜坡单元内点位是否覆盖不同位置，如若不能则针对性进行补点。这样开展野外厚度测量工作，可实时掌握测点的分布情况，及时调整调查路线，避免盲目测量和对同一坡形斜坡单元的同一位置重复测量。

2）研究区覆盖层的界定

前文将研究区分为第四系堆积区、残坡积区和花岗岩风化残积区3种岩性区。野外判别覆盖层厚度需要找到覆盖层与基岩之间的界面，即基覆界面。基覆界面以上部分则为覆盖层。不同岩性区的基覆界面划分标准不同，即覆盖层厚度识别标准不同。

(1)第四系堆积区覆盖层厚度判别标准。第四系堆积区平均海拔高程较低，覆盖层物质颗粒较细，岩性以黏土、粉砂及碎石为主。堆积区的基岩出露较少，大多位于地面以下，因此野外判别该岩性区基

图 5-6　研究区覆盖层厚度现场测量及分类

覆界面的方法是使用地质锤进行敲击，找到覆盖层下部的基岩面。从基岩面到覆盖层顶部的距离即为覆盖层厚度。野外实测覆盖层厚度的方法是利用钢尺进行人工测量，如图 5-6(c)、图 5-7 所示。

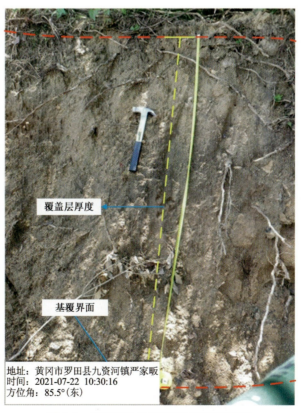

图 5-7　第四系堆积区覆盖层厚度实测图

（2）残坡积区覆盖层厚度判别标准。残坡积区平均海拔比第四系堆积区高，覆盖层以碎石、砂土及少量粉土为主，基岩以花岗岩为主。残坡积区可明显见到基岩出露，基覆界面的判别方法有两种：一是根据覆盖层岩性与基岩之间的颜色差异来判别,这种方法适合于基岩与覆盖层岩性颜色有明显差异性的情况(图 5-8);二是基岩风化面与覆盖层岩性颜色一致,基覆界面难以识别,这种情况就需要用地质锤进行敲击判别(图 5-6(b)、图 5-9)。利用这两种方法可以识别出基覆界面,再用测距仪(高程较高位置)或钢尺(高程较低位置)测量覆盖层厚度。

图 5-8　残坡积区第一种覆盖层厚度实测图

图 5-9　残坡积区第二种覆盖层厚度野外实测图

(3)花岗岩风化残积区覆盖层厚度判别标准。花岗岩风化残积区位于研究区内海拔最高的地区,覆盖层物质来源于花岗岩强烈风化后残积,岩性主要以砾石、碎石及砂土为主。该岩性区的基岩出露明显,并且基岩颜色与覆盖层颜色有明显突变现象,因此比较容易判别基覆界面[图 5-6(d)、图 5-10]。虽然野外露头可以明显看到基覆界面,但由于该岩性区海拔较高,坡度较陡,植被茂密,人为测量厚度难度较大,多采用测距仪或目测估计。

图 5-10　花岗岩风化残积区覆盖层厚度野外实测图

3. 研究区厚度调查点分布情况

本次调查共获得 251 个覆盖层厚度实测数据,将 251 个厚度调查点位置及厚度值输入 ArcGIS,通过地理配准工具进行地理坐标空间校准,最终以点 SHP 形式进行展示,如图 5-11 所示。可以明显发现,野外调查的厚度点在海拔较高地区分布较少,而在海拔较低地区分布较多且均匀,这主要是由于海拔较高的地区地形陡峭、植被茂密、道路不通及基覆界面露头少导致野外调查难度大,因此这部分地区厚度实测点较少。

但从厚度调查点在斜坡坡形内分布情况可以发现,调查点在同一坡形斜坡单元内各位置分布较均匀,在不同坡形斜坡单元内都有分布,如图 5-6(a)所示。因此,本次野外厚度调查点满足校准模型和验证厚度结果的目标。

三、堆积层斜坡孕灾因子空间分布特征

(一)评价单元及斜坡单元确定

1. 评价单元

评价单元可称为制图单元,是进行区域尺度斜坡稳定性评价和危险性评价所需最小的计算单元。评价单元内部应满足同质性,而单元之间则需体现异质性。由于所有的孕灾因子信息都是以制图单元为基本对象进行收集确定的,制图单元的划分结果直接决定了孕灾因子数据的精度和准确度,从而影响斜坡危险性评价结果,可见合理选择评价单元是至关重要的。

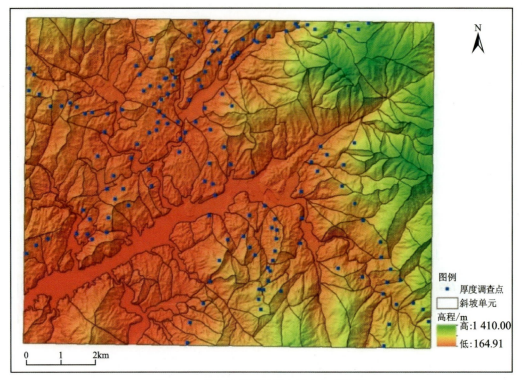

图 5-11 研究区覆盖层厚度调查点分布图

目前对评价单元的划分主要包括栅格单元、行政区划单元、格网单元、斜坡单元、地貌单元等。本书采用 TRIGRS 模型计算斜坡稳定性系数,该模型要求评价单元为规则的方形网格,因此选用栅格单元比较合适。前人通过对比不同比例尺的栅格尺寸大小的效果,提出最佳栅格单元尺寸的计算经验公式如下:

$$G_s = 7.49 + 6.0 \times 10 - 4 \times S - 2.0 \times 10 - 6S^2 + 2.9 \times 10 - 15S^2 \tag{5-3}$$

式中:G_s 为合适的栅格单元尺寸;S 为等高线数据精度的分母,等同于地形图比例尺的分母。本书选取的地形图比例尺为 1:10 000,代入公式计算出最佳网格单元为 13.3m,为方便在 ArcGIS 中处理和分析,综合考虑出图效果,最终将研究区划分成 10m×10m 的网格单元,共计 1 099 358 个栅格单元。

2. 斜坡单元

在评价单元划分的基础上,明确斜坡单元,栅格单元是计算单元,斜坡单元是评估对象,是分析斜坡稳定性和危险性的基础。斜坡单元计算精度是栅格单元的基础。

斜坡单元是地质灾害发生的基本单元,构建斜坡单元可方便分析孕灾因子对斜坡各位置的影响作用规律,基于斜坡单元的区域斜坡危险性评价结果更加符合实际情况。因此,将整个研究区划分为独立的斜坡单元是不可或缺的一步。

斜坡单元的划分原理是将一个完整的斜坡看作集水区域的一部分,利用正反地形分别提取山谷线和山脊线(图 5-12),分别对应于汇水线和分水线。将生成的集水流域与反向集水流域进行融合,再经后期人工修改不合理斜坡单元即可得到合理斜坡单元,具体操作流程如图 5-13 所示。

基于 ArcGIS 软件中的地表水文分析功能实现斜坡单元划分。地表水文分析主要包括水流方向的提取、河网的生成、集水区域的生成等关键步骤。最终将研究区划分为 236 块斜坡单元,如图 5-14 所示。

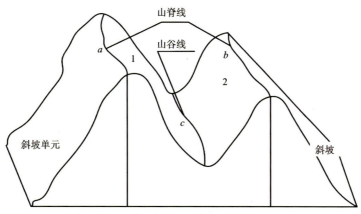

图 5-12 斜坡单元划分示意图

a、b.山脊线;c.山谷线;1.2.山谷两侧斜坡

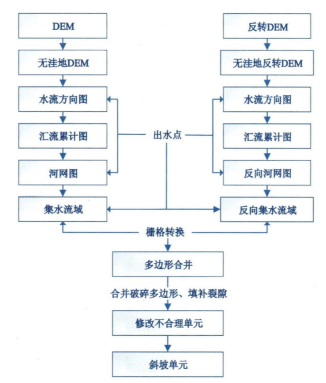

图 5-13 斜坡单元划分流程图

(二)斜坡常规孕灾因子空间分布特征

1. DEM

研究区高程的获取方法如下:通过 ArcGIS 软件中的"3DAnalyst"→"Create/Modify TIN"工具,将等高线 SHP 文件格式转为 TIN 模型,然后通过"Convert to Raster"生成 DEM。采用自然断点法将研究区高程分为 165～400m、400～800m、800～1000m、1000～1500m 4 个等级区间,明显发现研究区内高程整体上由西南向东北方向不断增大,靠近天堂水库区域的高程最小,如图 5-15 所示。

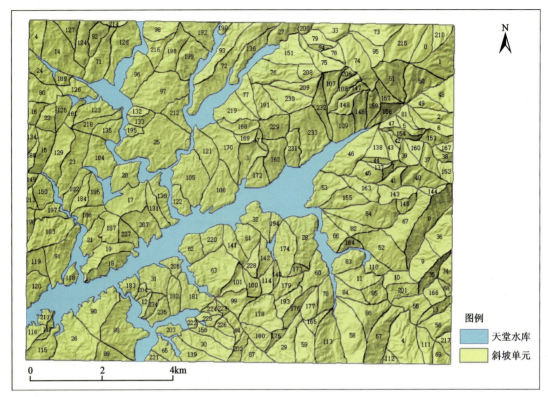

图 5-14　斜坡单元划分结果图

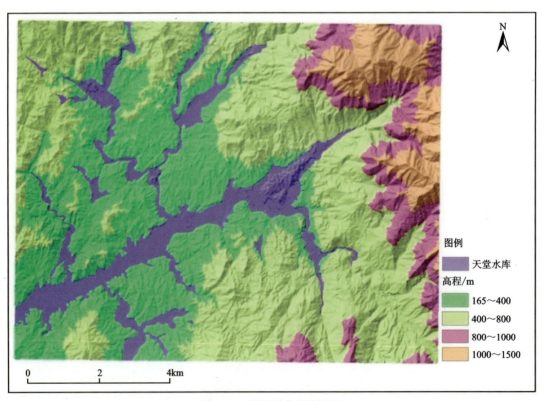

图 5-15　研究区高程分区图

由图 5-16 可以看出,高程为 800~1000m 和 1000~1500m 区段范围占比较少,分别为 8.12% 和 6.75%,主要分布在东北区域;400~800m 区段范围占比最大,约为 44.47%,主要分布在水库支流周边的中山丘陵地区；其次为165～400m区段范围，占比为40.65%，主要分布在河漫滩平原地区。

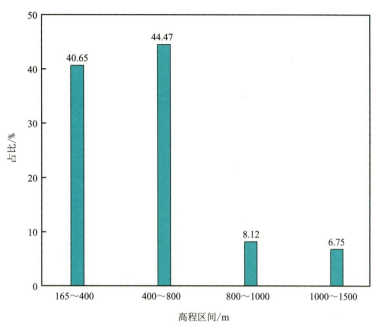

图 5-16　研究区高程区间栅格占比图

2. 斜坡坡度

研究区坡度的获取方法如下：以制作好的 DEM 数字高程图为基础，通过 ArcGIS 软件中的空间分析功能——坡度生成工具，直接从 DEM 中提取坡度图层。根据自然断点法将坡度结果划分为6个等级：0°～10°、10°～20°、20°～30°、30°～40°、40°～50°、>50°，如图 5-17 所示。

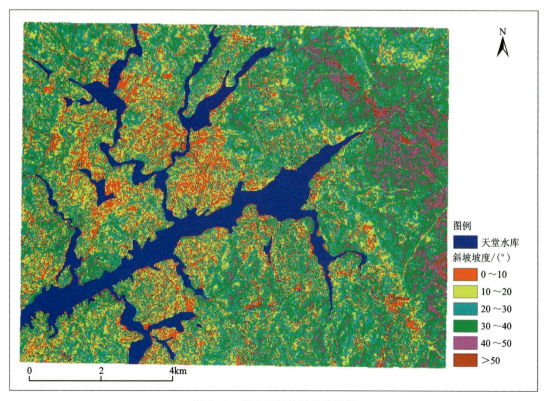

图 5-17　研究区斜坡坡度分区图

由图 5-18 可以看出,坡度为 20°～30°区间的栅格单元占比最大,占比为 31.45%,主要分布在 165～800m 高程海拔区间内,在高海拔地区分布较少;坡度为 0°～10°和 10°～20°区间的栅格单元占比分别为 19.98% 和 25.2%,这两个区间的坡度主要集中分布在海拔较低的漫滩平原地区;坡度为 30°～40°区间的栅格单元占比为 17.65%,主要分布在高程为 800～1500m 的地区;坡度为 40°～50°、>50°区间的栅格单元占比分别为 4.92% 和 0.81%,这两个坡度区间大多分布在 1000～1500m 的高海拔地区。由此可以看出,高海拔地区的栅格单元坡度一般较大,低海拔地区的栅格单元坡度一般较小,符合实际情况。

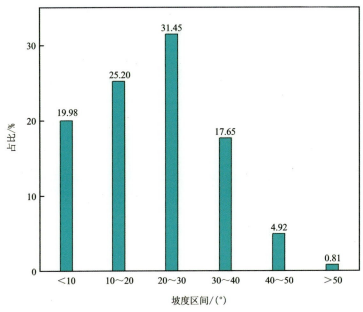

图 5-18 研究区斜坡坡度区间栅格占比图

3. 岩土体类型

根据实地调查结果以及相关勘察资料,将研究区分为 3 种岩性区:第四系堆积区、残坡积区和花岗岩风化残积区,如图 5-19 所示。其中,第四系堆积区主要分布在天堂水库周边,受库水位影响较大,地貌渲染图反映了该地区海拔高程较低,所属地貌为漫滩平原,地势平坦,斜坡坡度较小,覆盖层岩性主要为砂土、粉质黏土及粉砂质黏土,基岩风化程度为全风化,岩土体强度低;残坡积区分布在研究区东部和东偏南靠近天堂水库附近,属构造侵蚀中低山地貌,地形较陡,斜坡坡度较大,残坡积岩性为粉质黏土、砂、砂砾石等,基岩风化程度为强风化,岩土体强度较大;花岗岩风化残积区分布在研究区的东部及东北地区,属构造侵蚀中山地貌,海拔较高,斜坡坡度大,覆盖层岩性主要为颗粒较大的砾石、碎石土及砂土,基岩风化程度中等,岩土体强度大。

由图 5-20 可以看出,研究区内第四堆积区分布范围最大,面积占比高达 55.67%;其次为残坡积区,面积占比为 28.81%;花岗岩风化残积区分布范围最小,面积占比仅为 15.52%。

4. 斜坡坡形

斜坡坡形用来描述地表的起伏程度,根据研究区野外现场调查结果、无人机航拍图、ArcGIS 渲染三维地形图可以将研究区的斜坡单元划分为凹凸形坡、凸凹凸形坡和凸形坡。具体划分方法如下:利用 ArcGIS 面要素编辑功能人工划分斜坡单元类型,再通过要素转栅格工具转为栅格图层,最后利用重分类功能用不同颜色表示不同坡形斜坡单元,如图 5-21 所示。

图 5-22 展示了不同坡形的面积占比,其中凸形坡栅格单元占比最大,约为 54.58%,主要分布在海拔较低的天堂水库附近,在高海拔地区分布明显较少;凸凹凸形坡栅格单元占比为 27.67%,主要分布

图 5-19　研究区覆盖层岩性区划图及现场调查

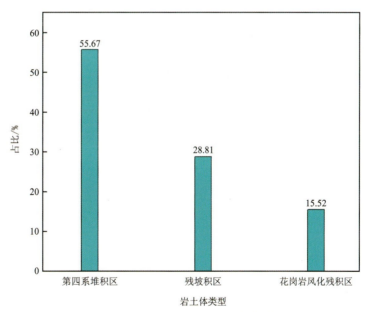

图 5-20　研究区岩土体类型区间栅格占比图

在构造侵蚀中低山区,在海拔高程为 400～800m 地区分布较多;凹凸形坡栅格单元占比为 17.75%,较多分布在海拔较高的东部地区。整体来看,3 种斜坡坡形从高海拔地区到低海拔地区分别是凹凸形坡、凸凹凸形坡和凸形坡。

5. 地下水深度

区域地下水深度数据较难获取,本次根据野外实地测量地下水深度以及相关岩土勘查报告获取了部分区域地下水深度资料,然后利用 ArcGIS 软件中的地统计工具对实测得到的地下水深度数据开展基于反

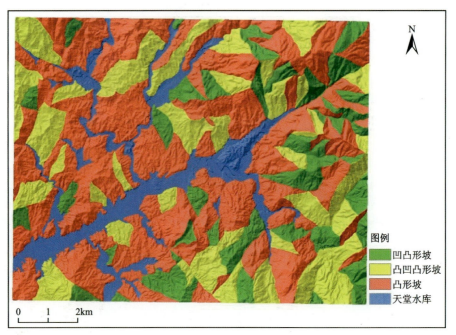

图 5-21　研究区斜坡坡形区划图

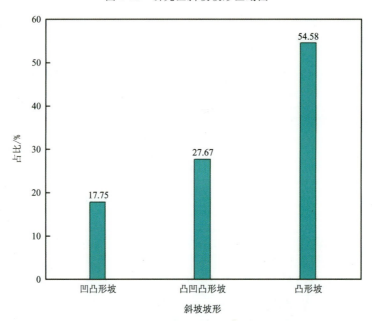

图 5-22　研究区斜坡坡形区间栅格占比图

距离加权的空间插值,最终得到研究区地下水深度(图 5-23)。根据自然断点法将地下水深度结果划分为 5 个等级:1.2~2.1m、2.3~2.5m、2.5~2.8m、2.8~3.3m、3.3~4.0m。可以发现,地下水深度在天堂水库附近明显较浅,多集中分布在 1.2~2.5m 之间;在研究区东部的高海拔地区明显较深,多集中分布在 3.3~4.0m 之间;在残坡积区以及第四系堆积区内海拔较高的地区,集中分布在 2.5~3.3m 之间。

6. 覆盖层厚度

1) 覆盖层厚度影响因素贡献指数确定

(1) 斜坡曲率贡献指数(C)。在 ArcGIS 软件中,执行命令"3D Analyst 工具"—"栅格表面"—"标准曲率",指定 DEM 参数,即可得到研究区标准曲率栅格,如图 5-24 所示。随后利用 ArcGIS 软件中的分

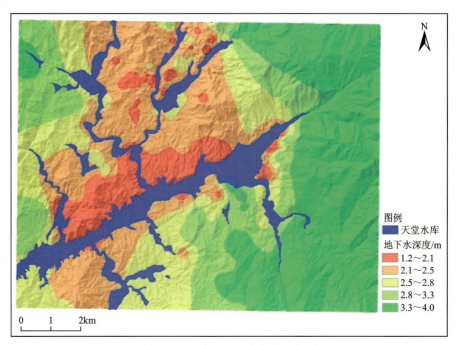

图 5-23 研究区地下水深度区划图

区统计工具将每个斜坡单元内的标准曲率进行归一化处理,即每个斜坡单元范围内的标准曲率值被转换为 0~1 之间的纯数字,如图 5-25 所示,此时的栅格值即为斜坡曲率贡献指数(C)。

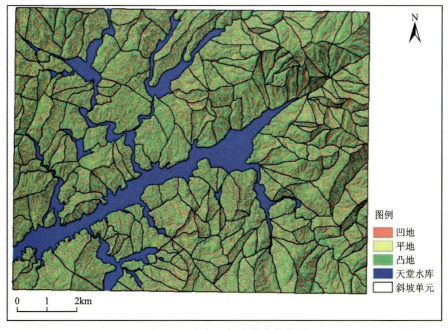

图 5-24 研究区标准曲率分布图

(2)斜坡坡度临界值贡献指数(Ψ)。研究区的覆盖层岩性不同,相应的坡度临界值也是不一样。目前对于坡度临界值的确定主要是根据岩土体的力学性质,属于经验取值法。本研究开展了相关野外筛分试验,获取了不同岩性区碎石土的颗粒级配特征,并基于力学参数的经验公式估计了 3 种岩性的平均内摩擦角和黏聚力;同时,统计分析已发生滑坡的斜坡坡度与其力学参数之间的关系,最后综合确定了研究区的不同岩性区的坡度临界值(表 5-1)。

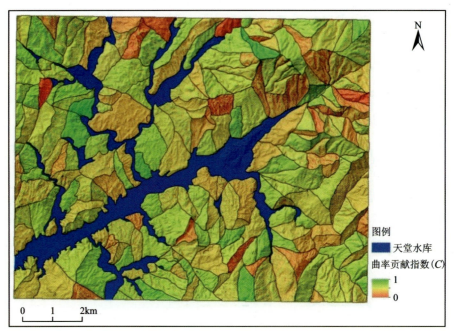

图 5-25 研究区曲率贡献指数分布图

表 5-1 研究区岩性强度参数及坡度阈值表

岩性分区	平均内摩擦角 $\varphi/(°)$	平均黏聚力 C/kPa	坡度临界值 $\theta_{\mathrm{th}}/(°)$
第四系堆积物	14.3	24.3	22
残坡积物	22.6	27.1	28
花岗岩风化残积物	37.8	35.6	32

坡度贡献指数具体确定方法：首先利用 ArcGIS 软件中的坡度分析工具，提取整个研究区的坡度值；然后运用栅格计算器，将每个栅格的坡度与其对应的坡度临界值进行对比，按式(5-1)确定坡度临界值贡献指数(Ψ)，如图 5-26 所示。由图 5-26 可见，对于坡度值大于坡度临界值的栅格单元，Ψ 小于 1，实现了对坡度较大处由于覆土运移导致的覆盖层厚度折减。

(3) 斜坡相对位置贡献指数(η)。确定斜坡相对位置贡献指数的关键是拟合出不同坡形的斜坡单元相对位置(P)与其贡献指数(η)之间的函数关系。确定斜坡相对位置方法如下。

首先，通过 ArcGIS 软件计算研究区流向数据，流向的计算方法遵循 D8 原理，D8 算法的实质就是计算最大距离权落差，计算公式如下：

$$Z=\frac{\Delta H}{\Delta L} \tag{5-4}$$

式中：Z 为距离权落差；ΔH 为栅格中心点之间的高程差；ΔL 为栅格中心点之间的距离。当栅格单元大小为 1 时，两个平行或垂直栅格单元之间的距离为 1，两个斜交栅格单元之间的距离为 $\sqrt{2}$。距离权落差最大的栅格为中心栅格的流出栅格。

其次，将包含有研究区 DEM 高程和流向数据的斜坡单元属性表导入 MATLAB，通过编程计算各斜坡单元内每个栅格点到坡顶位置(斜坡单元内高程最大点)的最短上坡水文距离和到坡脚位置(斜坡单元内高程最小点)的最短下坡水文距离，最陡水文路径是将栅格中心点距离进行累加。

最后，计算每个栅格点所属的斜坡单元内的最短上坡水文路径与总水文路径的比值。将计算结果导入 ArcGIS 软件，如图 5-27 所示，其值即为斜坡单元相对位置(P)。

第五章 堆积层滑坡孕灾条件及孕灾机理研究

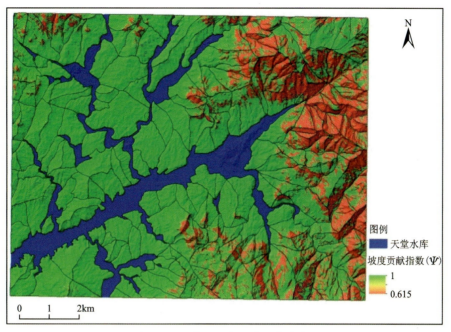

图 6-26 研究区坡度贡献指数分布图

$P-\eta$ 之间的曲线拟合步骤如下：

首先，通过 ArcGIS 软件中的多值提取至点工具，将斜坡相对位置（P）、斜坡坡形提取至覆盖层厚度调查点的属性表内，按斜坡坡形进行分组。

其次，将 3 种坡形斜坡单元内的覆盖层厚度数据进行归一化处理，将其转换为斜坡相对位置的厚度贡献指数（η）。

最后，将不同坡形斜坡相对位置（P）和相对位置贡献指数（η）两组数据导入 Origin 软件，分别对其进行拟合得到 $P-\eta$ 之间的曲线关系。

3 种坡形的 $P-\eta$ 公式见表 5-2，拟合曲线见图 5-27。

表 5-2 不同斜坡坡形 $P-\eta$ 关系式表

斜坡坡形	$P-\eta$ 拟合公式	R^2
凹凸形坡	$\eta=1.9-21.3\times P+78.6\times P^2-103.1\times P^3+44.4\times P^4$	0.967
凸凹凸形坡	$\eta=1.9-14.1\times P+41.3\times P^2-38.1\times P^3+10.13\times P^4$	0.935
凸形坡	$\eta=1.21-1.7\times P+0.53\times P^2$	0.961

3 种坡形的覆盖层厚度分布特征：①凹凸形斜坡单元。由图 5-28(a)可见，随着 P 的不断增大，相对位置厚度贡献指数（η）由小变大再变小。当 P 接近 0.65 时，η 值最大。由此可见，凹凸形斜坡单元的最大覆盖层厚度在坡腰靠下部位，坡顶和坡腰部位的覆盖层厚度相对较小。剖面示意图及现场调查见图 5-29(a)。②凸凹凸形斜坡单元。由图 5-28(b)可见，随着 P 的不断增大，相对位置厚度贡献指数（η）由大→小→大→小变化，呈波浪形，坡腰靠上部位的 η 值最小，当 P 在 0.75 附近时，η 值最小。由此可推断，凸凹凸形斜坡单元的坡顶和坡脚部位覆盖差厚度较大，坡腰部位厚度偏小。剖面示意图及现场调查见图 5-29(b)。③凸形斜坡单元。由图 5-28c)可见，随着 P 的不断增大，相对位置厚度贡献指数（η）不断减少，$P-\eta$ 之间呈现负相关关系，凸形斜坡单元的最大和最小覆盖层厚度分别位于其坡顶和坡脚位置。剖面示意图及现场调查见图 5-29(c)。

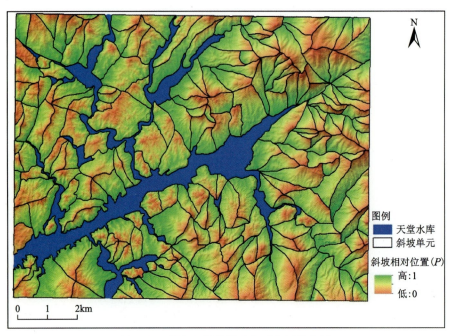

图 5-27 研究区斜坡单元相对位置分布图

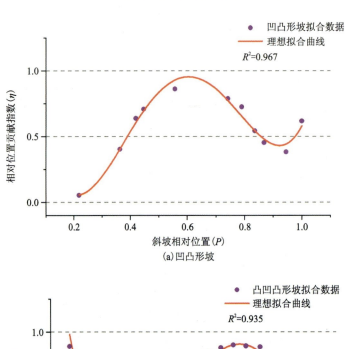

(a) 凹凸形坡

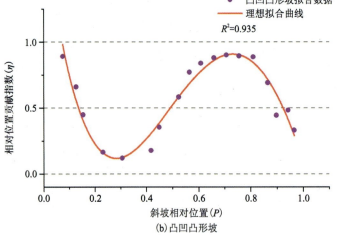

(b) 凸凹凸形坡

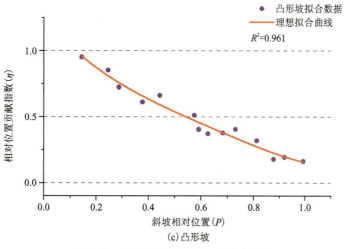

(c) 凸形坡

图 5-28 不同斜坡坡形 P-η 拟合曲线图

R^2. 拟合系数

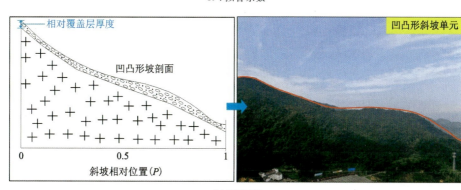

(a) 凹凸形坡

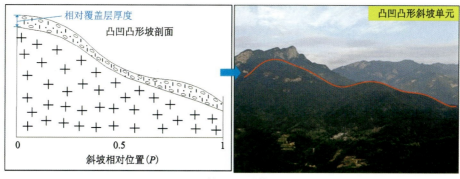

(b) 凸凹凸形坡

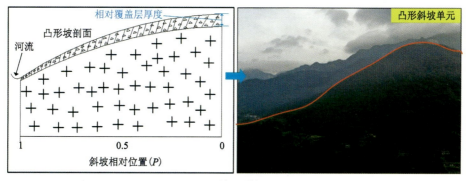

(c) 凸形坡

图 5-29 不同斜坡坡形示意图及现场调查图

基于已计算出的研究区相对位置(P),通过不同坡形斜坡单元的 P-η 函数关系式,计算出全区域的相对位置厚度贡献指数(η),见图5-30。

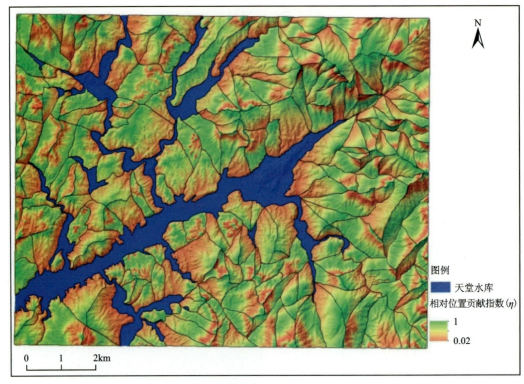

图5-30 研究区相对位置贡献指数图

2. 校准系数(k_c)确定

野外实际调查的覆盖层厚度数据显示,不同斜坡坡形的最大和最小覆盖层厚度如下:凹凸形斜坡覆盖层厚度的最大值和最小值分别为5.0m和0m;凸凹凸形斜坡覆盖层厚度最大值和最小值分别为5.5m和0m;凸形斜坡覆盖层厚度最大值和最小值分别为6.0m和0m。

校准系数(k_c)是将$(1-C)$、Ψ和η之积的纯数字无量纲值转换为实际的覆盖层厚度。将不同坡形斜坡覆盖层厚度的最大值和最小值与对应坡向斜坡$(1-C)\cdot\Psi\cdot\eta$最大值的平均值进行对比,即可确定k_c。为简化起见,由于野外调查的各个坡形斜坡覆盖层厚度最小值均为0m,因此本研究只考虑同坡形斜坡覆盖层厚度的最大值对校准系数(k_c)的确定,最终的校准系数(k_c)取值见表5-3。

表5-3 不同斜坡坡形校准参数 k_c 取值表

斜坡坡形	最大调查覆盖层厚度/m	$\max[(1-C)\cdot\eta\cdot\Psi]$	k_c
凹凸形坡	5.0	0.782	6.4
凸凹凸形坡	5.5	0.822	6.7
凸形坡	6.0	0.902	6.6

7. 覆盖层厚度结果及对比分析

1)研究区覆盖层厚度结果及讨论

将确定的C、Ψ和η以及k_c代入式(5-2),获得研究区覆盖层厚度分布如图5-31所示。

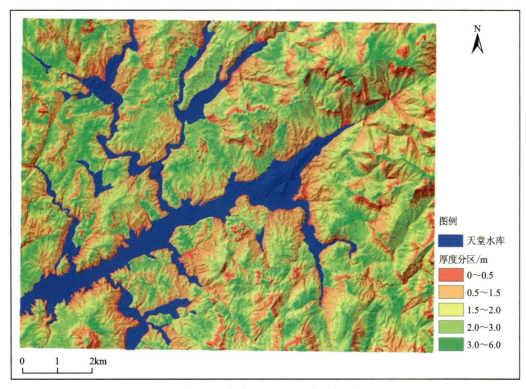

图 5-31　研究区覆盖层厚度分布图

(1)结果对比。为验证 GIST 模型的计算结果精度,利用反距离权重法(IDW 模型)对研究区覆盖层厚度进行估算,并与 GIST 模型的覆盖层厚度计算结果进行对比。

反距离权重法是利用 ArcGIS 中的地统计工具基于野外实测的覆盖层厚度数据开展空间插值获取整个区域覆盖层厚度,如图 5-32(a)所示。可以发现,IDW 模型主要以实测厚度点为圆心向外辐射扩展插值生成覆盖层厚度值,仅考虑地统计学原理,未考虑地形地貌形态特征及覆盖层形成演化过程对覆盖层厚度的影响规律。这种方法在实测点位多且尺度小的研究区较适用。基于 GIST 模型获取的覆盖层厚度,既考虑了地形地貌演化规律,同时也考虑了斜坡的坡形特征对覆盖层厚度的影响规律,结果更加符合实际,如图 5-32(b)所示。

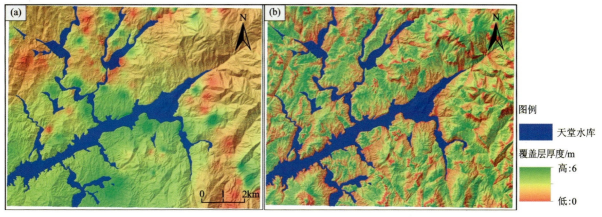

图 5-32　两种模型预测的覆盖层厚度分布图
(a)基于反距离权重法获取覆盖层厚度的 IDW 模型;(b)基于地貌演化过程获取覆盖层厚度的 GIST 模型

（2）误差分析。将收集的 251 个厚度调查点分为两组数据集，一组数据用来校准模型参数，其包含了 157 个厚度数据集，另一组数据用来验证模型预测的厚度误差，从而评估预测效果的准确性，其包含有 94 个厚度数据集。将两种模型的厚度预测结果与 94 个覆盖层厚度实测值进行对比分析，表 5-4 给出了预测值与实际值的误差统计。图 5-33 为两种模型预测的覆盖层厚度与实测值的直观比较，图中的虚线表示实测厚度值，离散点表示预测厚度值。

表 5-4　两种模型预测的覆盖层厚度误差比较表

模型	平均值	标准差	最大正误差	最大负误差	平均绝对误差	绝对误差标准差
IDW	3.749	1.486	3.628	−3.348	1.786	2.011
GIST	2.428	0.989	1.777	−1.828	0.755	0.934
实测值	2.211	1.342	/	/	/	/

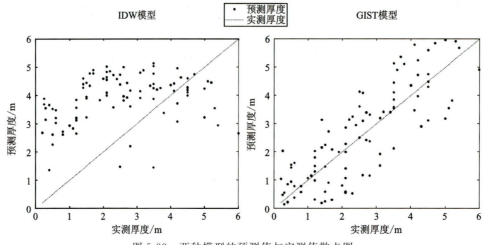

图 5-33　两种模型的预测值与实测值散点图

由表 5-4 可以发现，IDW 模型获取的覆盖层厚度与实测值之间的误差较大，最大正误差和最大负误差达到 3.628m 和 −3.348m，平均绝对误差和绝对误差标准差也较大，分别为 1.786m 和 2.011m。基于 GIST 模型获取的覆盖层厚度平均值与实测值仅相差 0.2m，最大正负误差为 1.777m 和 −1.828m。与 IDW 模型相比，GIST 模型的最大正误差和负误差减少 1.9m 和 1.5m，平均绝对误差和绝对误差标准差都比 IDW 模型少 1.0m。

由图 5-33 可直观发现，与 IDW 模型预测的覆盖层厚度相比，GIST 模型的厚度预测值更接近于实测值，离散程度更小。由此可见，基于 GIST 模型预测的覆盖层厚度更接近实际，精度更高。

2）覆盖层厚度空间分布规律

为更直观分析研究区覆盖层厚度的空间分布规律，汇总覆盖层厚度、岩性及斜坡坡形的相关数据，如图 5-34 所示。

表 5-5 给出了各区间覆盖层厚度栅格数占总栅格数的百分比，可以发现 0.5~1.5m 厚度区间的栅格数占比最大，约为 37.14%，其次为 1.5~2.0m 和 2.0~3.0m 厚度区间，占比分别为 28.58% 和 21.86%，0~0.5m 厚度区间占比为 12.23%，3.0~6.0m 厚度区间占比最小，仅为 0.20%。由此可见研究区覆盖层厚度主要分布在 0.5~3.0m 区间范围内，栅格占比总计约为 87.58%。

为了研究岩性对覆盖层厚度的影响规律，结合图 5-34(a)、(b)，统计了各岩性分区和覆盖层厚度分布之间的关系，见表 5-6。

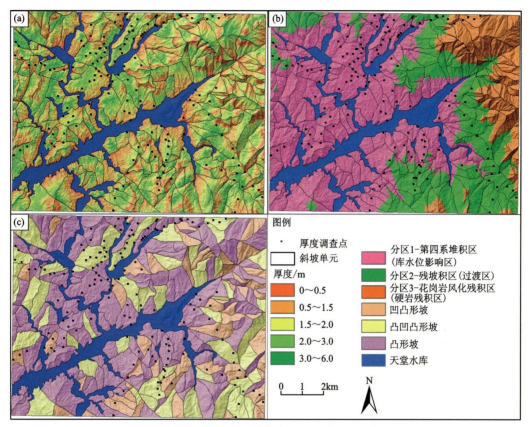

(a)覆盖层厚度分布图;(b)岩性分区图;(c)斜坡坡形分区图

图 5-34　研究区覆盖层厚度、岩性及斜坡坡形对比图

表 5-5　覆盖层厚度区间分布占比表

覆盖层厚度区间/m	栅格总数/个	栅格相对密度/%
0～0.5	134 463	12.23
0.5～1.5	408 305	37.14
1.5～2.0	314 150	28.58
2.0～3.0	240 282	21.86
3.0～6.0	2158	0.20
合计	1 099 358	100.00

表 5-6　不同岩性与厚度分布关系统计表

岩性分区	占比/%	各厚度区间栅格数及占比									
		0～0.5m		0.5～1.5m		1.5～2.0m		2.0～3.0m		3.0～6.0m	
		栅格总数/个	占比/%	栅格总数/个	占比/%	栅格总数/个	占比/%	栅格总数/个	占比/%	栅格总数/个	占比/%
1	55.66	32 062	5.9	183 859	33.85	155 773	28.68	133 018	24.49	38 420	7.08
2	28.81	14 037	4.99	69 527	24.74	92 683	32.98	80 109	28.51	24 693	8.78
3	15.53	14 440	9.53	44 739	29.54	49 688	32.81	30 984	20.45	11 624	7.67

注:分区 1.第四系堆积区(库水位影响区);分区 2.残坡积区(过渡区);分区 3.花岗岩风化残积区(硬岩残积区)。

由表 5-6 可以看出，第四系堆积区面积占比最大，约为 55.66%，残坡积区和花岗岩风化残积区栅格占比分别为 28.81%、15.53%。其中，第四系堆积区内 0.5~1.5m 厚度区间占比最大，约为 33.85%；其次为 1.5~2.0m 和 2.0~3.0m 厚度区间，占比分别为 28.68% 和 24.49%；厚度区间为 0~0.5m 和 3.0~6.0m 的占比最小，合计约为 13%。残坡积区内 1.5~2.0m 厚度区间占比最大，约为 33%；其次为 2.0~3.0m 和 0.5~1.5m 的厚度区间，占比分别为 28.51% 和 24.74%；厚度区间为 0~0.5m 和 3.0~6.0m 的占比最小，合计约为 13.77%。花岗岩风化残积区内厚度区内 1.5~2.0m 厚度区间占比最大，约为 32.81%；其次为 0.5~1.5m 和 2.0~3.0m 厚度区间，占比分别为 29.54% 和 20.45%；厚度区间为 0~0.5m 的占比高达 9.53%，3.0~6.0m 厚度区间占比最小，约为 7.67%。

由此可见，3 种岩性区内覆盖层厚度主要分布在 0.5~3.0m 区间，其中第四系堆积区内覆盖层厚度主要分布在 0.5~1.5m 之间，残坡积区和花岗岩风化残积区内覆盖层厚度主要分布在 1.5~2.0m 区间。3.0~6.0m 厚度区间在 3 种岩性区内的占比相差不大。与另外两种岩性相比，花岗岩风化残积区内 0~0.5m 厚度区间占比最大。

为了研究斜坡单元类型对覆盖层厚度的影响规律，结合图 5-34(a)、(c)，统计不同坡形斜坡和厚度分布之间的关系，见表 5-7。可明显发现，研究区内凸形坡面积占比最大，约为 54.58%；其次为凸凹凸形坡，占比为 27.67%；凹凸形坡，占比仅为 17.75%。其中，凹凸形坡内覆盖层厚度主要分布在 1.5~2.0m 区间，占比为 33.60%；0~0.5m 厚度区间占比 17.75%，3 种坡形中该厚度区间占比最大。凸凹凸形坡内的覆盖层厚度主要分布在 2.0~3.0m 之间，3 种坡形中该厚度区间的占比最大，约为 35.86%；其次为 1.5~2.0m 和 0.5~1.5m 的厚度区间，面积占比分别为 26.47%、24.58%；0~0.5m 厚度区间占比仅为 2.59%，3 种坡形中该厚度区间的占比最小。凸形坡内的覆盖层厚度主要分布在 0.5~1.5m 区间，占比为 37.49%，其中 2.0~3.0m 厚度区间的面积占比是 3 种坡形中最小，仅为 18.44%。

表 5-7 不同斜坡坡形与厚度分布关系统计表

斜坡坡形	占比/%	各厚度区间栅格数及占比									
		0~0.5m		0.5~1.5m		1.5~2.0m		2.0~3.0m		3.0~6.0m	
		栅格总数/个	占比/%	栅格总数/个	占比/%	栅格总数/个	占比/%	栅格总数/个	占比/%	栅格总数/个	占比/%
凹凸形坡	17.75	20 362	11.80	32 159	18.57	58 184	33.60	50 349	29.08	12 100	6.95
凸凹凸形坡	27.67	6992	2.59	66 334	24.58	71 491	26.47	96 797	35.86	28 306	10.50
凸形坡	54.58	33 185	6.23	199 631	37.49	168 447	31.63	98 229	18.44	33 056	6.21

由此可见，3 种坡形的平均覆盖层厚度大小顺序为凸凹凸形坡＞凹凸形坡＞凸形坡。造成这一现象原因是 3 种坡形地势由高到低分别为凹凸形坡、凸凹凸形坡、凸形坡，其中凸凹凸形坡覆盖层除了原岩风化堆积，还接受了地势较高的凹凸形坡的物质输送，并且岩土体运移少。而凸形坡虽然也接受了高海拔地区物质输送，但由于该类型坡距离水库较近，库水位对堆积物的冲刷和运移作用使其整体覆盖层较小。

综上可知，岩性和斜坡坡形对覆盖层厚度的空间分布特征具有重要的影响，这也从侧面证实了基于地形地貌演化过程估算区域覆盖层厚度具有一定的合理性。因此，需要注意的是，使用 GIST 模型估算区域覆盖层厚度，应详细调查研究区斜坡坡形和覆盖层岩性这两个关键因素。

四、研究区斜坡稳定性空间分布的因子作用规律研究

(一)TRIGRS 模型

TRIGRS(transient rainfall infiltration and grid-based regional slope-stability analysis)模型是美国地质调查局通过 Fortran 语言开发的一种基于瞬态降雨入渗的区域栅格稳定性计算模型,可以模拟真实降雨过程引起的瞬态孔隙水压力随时间的变化,从而模拟斜坡稳定性随时间的变化。

模型由水文模型、入渗模型和斜坡稳定性模型3个部分构成,计算流程见图5-35。

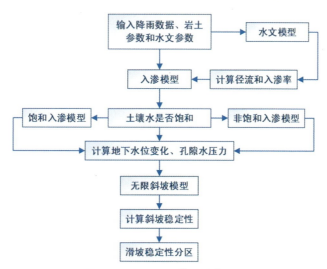

图 5-35 TRIGRS 模型计算流程图

1. 入渗模型

1)饱和条件下的入渗模型

饱和入渗模型采用 R. M. Iverson(2010)提出的 Richards 方程的线性解,包括稳态入渗和瞬态入渗。稳态入渗是指斜坡体内的孔隙水压力较稳定,主要取决于初始地下水水位深度与初始入渗率,斜坡较稳定。瞬态入渗是指短时间强降雨造成斜坡土体孔隙水压力发生变化,瞬态入渗率随降雨不断变化,强降雨导致斜坡发生失稳的可能性大。

TRIGRS 模型通常假定水是一维垂直入渗,根据基岩的边界条件可分为两种渗透模型:①基岩与上覆岩土体渗透性相同,潜在滑动面较深,见图5-36(a);②上覆岩土体渗透性大于基岩,潜在滑动面一般在基覆界面,见图5-36(b)。后者适用于堆积层斜坡的入渗模型。

(1)当基岩与土体渗透性一致,假定潜在滑动面为无限深,水流入渗到滑动面时还会继续沿着坡体垂直方向入渗。孔隙水压力的计算公式如下:

$$\psi(Z,t) = (Z-d)\beta + 2\sum_{n=1}^{N}\frac{I_{nz}}{K_s}\{H(t-t_n)\sqrt{D_1(t-t_n)}\cdot ierfc\left[\frac{Z}{2\cdot[D_1(t-t_{n+1})]^{\frac{1}{2}}}\right]\} - 2\sum_{n=1}^{N}\frac{I_{nz}}{K_s}\{H(t-t_{n+1})\sqrt{D_1(t-t_{n+1})}\cdot ierfc\left[\frac{Z}{2\cdot[D_1(t-t_{n+1})]^{\frac{1}{2}}}\right]\} \tag{5-5}$$

式中:ψ 为压力水头;t 为时间;δ 为斜坡坡角(°)。

$Z=\dfrac{z}{\cos\delta}$,其中 Z 是竖直方向上的土层厚度(m),z 为垂直于坡面方向的土层厚度(m);$\beta=\cos^2\delta-$

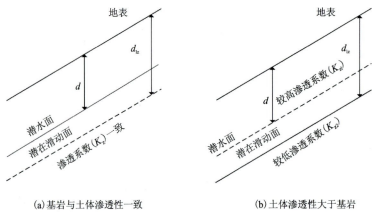

(a) 基岩与土体渗透性一致　　　　　(b) 土体渗透性大于基岩

图 5-36　两种入渗模型示意图

d 为稳定状态下测量得到的竖直向地下水埋深；d_{lz} 为基底的深度

$\dfrac{I_{ZLT}}{K_s}$，I_{ZLT} 为稳定初始表面入渗量（cm³）；K_s 为饱和土竖直渗透系数；I_{nz} 为第 n 个时间间隔给定降雨强度的地表入渗量（cm³）；$D_1 = \dfrac{D_0}{\cos^2 \delta}$，$D_0$ 为饱和水力扩散系数，$D_0 = \dfrac{K_s}{S_s}$，其中 K_s 为饱和渗透系数，S_s 为特定数；N 为降雨历总时间（s）；$H(t-t_n)$ 为 Heaviside 阶跃函数，t_n 是降雨入渗第 n 个时间间隔（s）（图 5-37）；

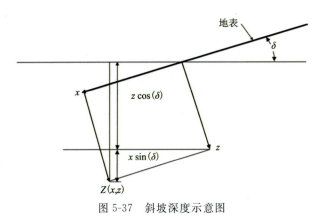

图 5-37　斜坡深度示意图

(2) 当上覆土体渗透性大于基岩时，属于有限深度的边界问题，假定潜在滑动面在基覆界面。孔隙水压力的计算公式为

$$\Psi(z,t) = (z-d)\beta + 2\sum_{n=1}^{N}\dfrac{I_{nz}}{K_s}H(t-t_n)\sqrt{D_1(t-t_n)} \cdot$$

$$\sum_{m=1}^{\infty}\left\{\left[\dfrac{(2m-1)d_{IZ}-(d_{IZ}-Z)}{2\cdot[D_1(t-t_n)]^{\frac{1}{2}}}\right] + ierfc\left[\dfrac{(2m-1)d_{IZ}-(d_{IZ}-Z)}{2\cdot[D_1(t-t_n)]^{\frac{1}{2}}}\right]\right\} -$$

$$2\sum_{n=1}^{N}\dfrac{I_{nz}}{K_s}H(t-t_{n+1})\sqrt{D_1(t-t_{n+1})} \cdot$$

$$\sum_{m=1}^{\infty}\left\{\left[\dfrac{(2m-1)d_{IZ}-(d_{IZ}-Z)}{2\cdot[D_1(t-t_{n+1})]^{\frac{1}{2}}}\right] + ierfc\left[\dfrac{(2m-1)d_{Iz}-(d_{Iz}-z)}{2\cdot[D_1(t-t_{n+1})]^{\frac{1}{2}}}\right]\right\} \tag{5-6}$$

式中：m 为收敛级数。

2) 非饱和条件下的入渗模型

非饱和条件是指土体虽吸收了一部分地表水，但未达到饱和状态，剩余的水透过非饱和土层汇集到更深区域，其降雨入渗的控制方程仍为 Richards 方程简化后的一维竖直入渗方程，如式 (5-7) 所示：

$$\frac{\partial \theta}{\partial t} = \frac{\partial}{\partial z}\left[K(\Phi)\left(\frac{1}{\cos^2\delta}\frac{\partial \Phi}{\partial z}\right) - 1\right] \tag{5-7}$$

式中：θ 为含水率；$K(\Phi)$ 为非饱和土渗透系数；Φ 为压力水头。TRIGRS 模型通过 4 个参数（$\theta_r, \theta_s, \theta, K_s$）拟合非饱和土的水土特征曲线，其中 θ 和 $K(\Phi)$ 由以下公式给出：

$$K(\Phi) = K_s \exp(\alpha \Phi^*) \tag{5-8}$$

$$\theta = \theta_r + (\theta_s - \theta_r)\exp(\alpha \Phi^*) \tag{5-9}$$

式中：θ_r 为残余含水量；θ_s 为饱和含水量；$\Phi^* = \Phi - \Phi_0$，其中 $\Phi_0 = -1/a$，a 为从拟合水土特征曲线得到的常数。

将得到的 $K(\Phi)$ 通过式(5-6)反求解非饱和土的压力水头为

$$\Psi(z,t) = \frac{\cos\delta}{a\cos^2\delta}\ln\left(\frac{K(\Phi)}{K_s}\right) + \Phi_0 \tag{5-10}$$

2. 斜坡稳定性模型

TRIGRS 模型假定了一个无限斜坡模型（图 5-38），以莫尔-库仑破坏准则为理论基础，并考虑孔隙水压力变化的斜坡稳定性表达式为

$$F_s(z,t) = \frac{\tan\Phi'}{\tan\alpha} + \frac{c' - \Psi(z,t)\gamma_w \tan\Phi'}{\gamma_s z \sin\alpha \cos\alpha} \tag{5-11}$$

式中：F_s 为稳定性系数；Φ' 为土的有效内摩擦角；α 为坡度；c' 为土体有效黏聚力；Ψ 为压力水头；γ_w 为地下水容重；γ_s 为土的容重；z 为斜坡发生破坏的最大深度。

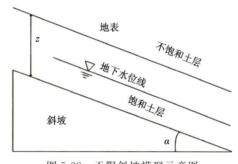

图 5-38 无限斜坡模型示意图

3. 水文模型

TRIGRS 模型在计算过程中会遇到土体达到饱和或短时间降雨来不及入渗的多余地表水，这种情况下模型会根据流向将多余的地表水分配到下游栅格。为了达到实际效果，通常假定该栅格单元的入渗量等于其饱和渗透系数，具体计算公式如下：

$$I = P + R_u \quad (R_u \leqslant K_s) \tag{4-12}$$

式中：I 为土体入渗率；P 为单位时间降雨量；R_u 为上游相邻栅格的地表径流量；K_s 为土的饱和渗透系数。

（二）计算参数确定

TRIGRS 模型的输入参数主要包括岩性、高程、坡度、覆盖层厚度、基本控制参数、流向、岩土体力学参数、水文力学参数、降雨强度及降雨历时。

1. 基本控制参数

TRIGRS 模型的基本控制参数主要有栅格单元尺寸、行数及列数。通过 ArcGIS 平台查看 DEM 属性可直接获取基本控制参数，研究区被划分为 937 行、1202 列，所有栅格单元尺寸为 10m×10m，栅格总数为 1 099 358，见表 5-8。

表 5-8　研究区基本控制参数表

变量名称	描述	取值范围	取值/个
imax	栅格单元数	imax>0	1 099 358
row	行数	0<row<imax	937
col	列数	0<col<imax	1202

2. 流向参数

水流流向决定了降雨地表水的径流路径，是 TRIGRS 模型计算径流量和径流方向的重要参数之一。流向的获取方法通过 ArcGIS 软件所提供的空间分析功能下的流向工具，基于 DEM 图层直接提取。需要注意的是，插值生成的 DEM 栅格表面存在许多凹陷区域，会造成计算的水流方向不合理或错误。因此，在计算流向之前需要对 DEM 进行填洼处理，填洼流程见图 5-39。将填洼的 DEM 输入流向工具中，计算得到研究区水流流向见图 5-40。

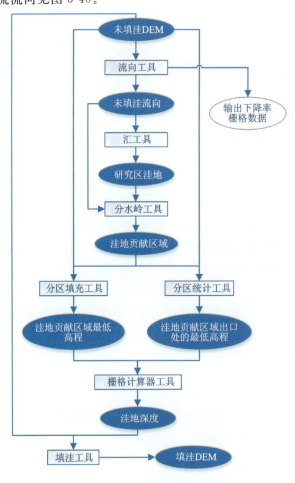

图 5-39　填洼流程图

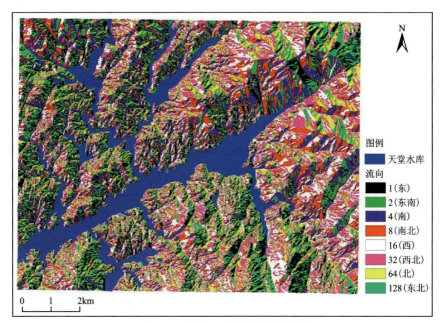

图 5-40 研究区水流流向栅格图

3. 力学参数及水文参数

计算所需的水文力学参数主要包括水的容重、水力扩散系数、初始地表入渗速率、垂直饱和渗透系数及体积含水量等。不同岩性区的力学参数和水文参数不同,各参数获取方式如下。

1) 力学参数

TRIGRS 模型中需要输入的岩土力学参数主要包括黏聚力、内摩擦角、容重等,前文将研究区划分为 3 种岩性区,针对不同岩性区收集已有勘察资料及相关文献,同时开展研究区碎石土的筛土试验,并基于经验公式获取相关参数。赋予各岩性区不同的力学参数,见表 5-9。

表 5-9 研究区物理力学参数表

分区	岩性	土体容重/$(kN \cdot m^{-3})$	有效黏聚力/kPa			有效内摩擦角/(°)		
			最大值	最小值	平均值	最大值	最小值	平均值
1	第四系堆积物	19.6	30.6	20.5	24.3	18.5	12.6	14.3
2	残坡积物	22.6	33.5	22.0	27.1	28.1	17.6	22.6
3	花岗岩风化残积物	27.8	46.9	25.6	35.6	44.3	32.6	37.8

2) 水文参数

水文参数主要是用于估算孔隙水压力,主要包括水的容重、水力扩散系数、饱和土体竖直渗透系数、初始地表入渗系数、体积含水量等。研究区水文参数较难获取,本书基于野外水文地质调查、水力学经验公式、参考相关勘察资料和文献确定研究区水文参数见表 5-10。

4. 降雨参数

降雨诱发滑坡主要表现在:①斜坡内岩土体浸水后发生崩解、泥化、溶解等作用,岩石和岩体结构遭受破坏,抗剪强度降低,斜坡稳定性降低;②雨水入渗导致地下水水位抬升,且难以及时排泄,从而产生静、动水压力降低滑体的抗滑力,不利于斜坡的稳定。因此,应用 TRIGRS 模型进行斜坡稳定性评价时,降雨工况是十分重要的参数。

表 5-10　研究区水文参数表

分区	岩性	水力扩散系数/$(m^2 \cdot s^{-1})$	饱和土体竖直渗透系数/$(m \cdot s^{-1})$	初始地表入渗系数/$(m \cdot s^{-1})$	体积含水量	
					饱和	残余
1	第四系堆积物	2.5×10^{-5}	3×10^{-7}	3×10^{-7}	0.33	0.09
2	残坡积物	7.8×10^{-4}	9×10^{-6}	5×10^{-6}	0.48	0.07
3	花岗岩风化残积区	5.6×10^{-4}	8.5×10^{-6}	5.6×10^{-8}	0.27	0.06

根据罗田县气象局近61年降雨资料统计,罗田县年最大降雨总量2895mm(1959年),小时最大降雨总量107.3mm(1988年8月9日)。2016年6—7月,受超强厄尔尼气候影响,罗田县遭受极端暴雨天气,6月18日—7月5日全县日平均降雨量达148.7mm。日最大降雨量为216.2mm(2010年8月7日),属大暴雨。为模拟九资河镇研究区在不同降雨强度下斜坡的稳定性状况,基于实际降雨数据,分别设置了2种降雨工况,各降雨强度及历时见表5-11。

表 5-11　降雨工况表

工况	阶段	降雨强度/$(mm \cdot h^{-1})$	降雨历时/h
一	1-1	18	8
二	2-1	18	4
	2-2	25	2
	2-3	50	1
	2-4	25	1

工况一:为了模拟持续性均匀降雨,基于罗田县近61年的最大日降雨量216.2mm(2010年8月7日),估算实际降雨强度。按24h平均最大日降雨量计算不符合实际情况,按12小时平均日最大降雨量计算,可设定降雨强度为18 mm/h,降雨时长设定为8h,每小时的降雨强度相同。

工况二:为了模拟不同降雨强度和不同降雨历时,可分别设定降雨强度为18 mm/h、降雨历时为4h;降雨强度为25 mm/h、降雨历时为2h;降雨强度为50 mm/h、降雨历时为1h;降雨强度为25 mm/h、降雨历时为1h。4个阶段的降雨历时和降雨强度不尽相同。

(三)研究区典型斜坡稳定性及孕灾因子作用规律研究

各个分区中占比较大的斜坡单元类型(坡形)的大量存在,对该分区斜坡有一定代表性。因此,以此有代表意义的斜坡类型为切入口,建立典型斜坡模型,研究其稳定性及因子作用规律,基于此认识,揭示研究区堆积层斜坡稳定性分布规律。

1. 研究区典型斜坡地质模型

根据研究区各分区占比优势斜坡坡形类型(表5-12),概化出4种典型斜坡地质模型,分别是凸形第四系堆积层斜坡、凸形残坡积层斜坡、凸凹凸形残坡积层斜坡和凹凸形花岗岩风化残积层斜坡。

1)凸形第四系堆积层斜坡

凸形第四系堆积层斜坡模型见图5-41,该类型斜坡主要分布在地势较低的区域,海拔高程为165~501m。覆盖层岩性主要为第四系堆积物,岩土体力学强度低,内摩擦角为15°~17°,黏聚力为21~23kPa;覆盖层厚度从坡顶到坡脚位置不断变小,厚度分布范围为0.6~2.5m;斜坡坡度为6°~18°;地下水

第五章 堆积层滑坡孕灾条件及孕灾机理研究

表 5-12 岩性分区内各斜坡坡形占比统计表

岩性分区	栅格总数占比/%	不同坡形斜坡单元栅格数及占比					
		凹凸形坡		凸凹凸形坡		凸形坡	
		栅格总数/个	占比/%	栅格总数/个	占比/%	栅格总数/个	占比/%
分区1	55.66	54 441	10.02	126 632	23.32	362 040	66.66
分区2	28.81	69 793	25.83	109 591	38.99	101 650	36.18
分区3	15.53	68 858	44.46	33 697	22.24	48 920	32.30

注：分区1.第四系堆积区（库水位影响区）；分区2.残坡积区（过渡区）；分区3.花岗岩风化残积区（硬残积区）。

水位深度为 0.5～3.0m，位于斜坡坡脚的覆盖层以内。降雨入渗形成的渗流作用及其造成地下水水位的升高对斜坡稳定性产生较大的影响。

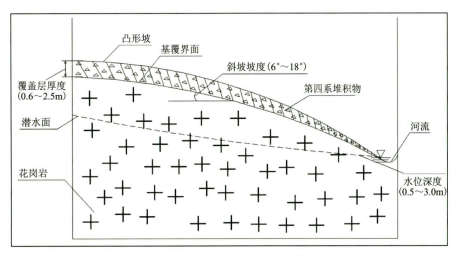

图 5-41 凸形第四系堆积层斜坡地质模型示意图

2）凸形残坡积层斜坡

凸形残坡积层斜坡模型见图 5-42。该类型斜坡主要分布在研究区东部和南部地区，多为构造侵蚀低山丘陵地貌，海拔高程为 503～650m。覆盖层的岩性主要为残坡积物，岩土体的内摩擦角为 23.0°～25.5°，黏聚力为 24.2～28.1kPa；覆盖层厚度变化规律为从坡顶到坡脚位置厚度逐渐变小，厚度分布范围为 0.6～3.0m；斜坡坡度为 8°～25.5°；地下水水位深度为 2.5～3.6m，位于斜坡基覆界面附近的基岩内。降雨入渗形成的坡体内渗流作用及地下水水位升高对斜坡稳定性产生较大影响。

3）凸凹凸形残坡积层斜坡

凸凹凸形残坡积层斜坡地质模型见图 5-43，该类型斜坡分布在研究区的东部和南部地区，多为构造侵蚀低山丘陵区地貌，海拔高程在 503～824m 之间。覆盖层的岩性主要残坡积物，岩土体力学强度较大，内摩擦角为 23.0°～25.5°，黏聚力为 24.2～27.8kPa；覆盖层厚度由坡顶向坡脚位置由大变小再变大，厚度分布范围在 1.3～3.2m 之间；斜坡坡度较陡，分布在 15°～28°之间；地下水水位深度在 3.5～5.0m 之间，位于基覆界面以下较远位置。降雨入渗形成暂时性坡内渗流作用对斜坡稳定性产生影响。

4）凹凸形花岗岩风化残积层斜坡

凹凸形花岗岩风化残积层斜坡模型见图 5-44，该类型斜坡分布在研究区的东部地区，地势较高，海拔高程为 825～1410m。覆盖层岩性主要为花岗岩风化残积物，岩土体力学强度大，内摩擦角为 33.5°～36.7°，黏聚力为 28.5～32.0kPa；覆盖层厚度从坡顶向坡脚位置由小变大再变小，厚度分布范围为 0.5～2.2m；斜坡坡度较大，分布在 15°～35°之间；地下水水位深度为 3.6～4.1m，位于基覆界面以下。降雨入渗形成暂时性坡内渗流对斜坡稳定性产生影响。

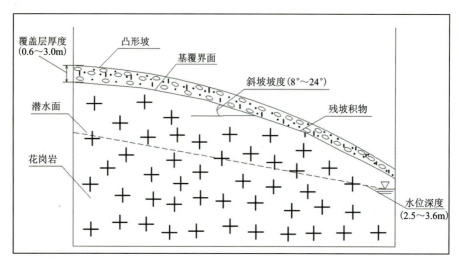

图 5-42　凸形残坡积层斜坡地质模型示意图

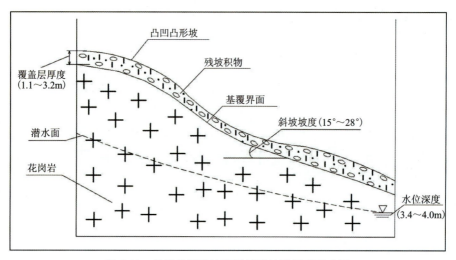

图 5-43　凸凹凸形残坡积层斜坡地质模型示意图

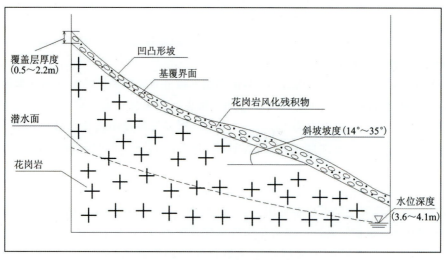

图 5-44　凹凸形花岗岩风化残积层斜坡模型示意图

2. 典型斜坡稳定性及其因子作用规律分析

将已划分了斜坡单元的研究区作为整体进行研究，通过 TRIGRS 模型建立研究区栅格单元模型。在研究区模型中明确分区信息，并在不同分区随机挑选出与 4 个典型模型对应的斜坡实例（图 5-45），再通过 TRIGRS 模拟研究区降雨入渗和斜坡稳定性。对整个研究区栅格单元模型进行降雨模拟和稳定性计算，在此条件下观察被选出的典型模型斜坡在所处地质环境条件下的稳定性状况，并从孕灾因子角度分析原因。这样的研究方式结合了典型模型斜坡所处的空间位置和地质环境条件，得到的结果比将典型模型斜坡从其所处地质环境条件中抽离出来更符合实际情况。

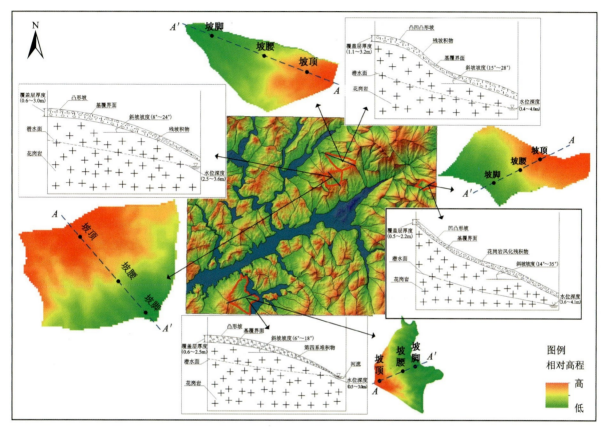

图 5-45 研究区典型斜坡地质模型实例分析

前文研究已确定了本次分析的孕灾因子为黏聚力、内摩擦角、覆盖层厚度、坡度和地下水深度。表 5-13 列出了典型斜坡模型孕灾因子的基准值。基于基准值，采取单变量策略，即将其中 1 个孕灾因子在特征范围内变化（表 5-14）且变化范围要符合实际情况，并保持其他因子不变，计算出该因子不同取值下的稳定性系数（F_s），每个因子设置 3 个取值情况。计算工况设置为工况 1，在典型斜坡单元实例的坡顶、坡腰和坡脚 3 个区域各选择一个有代表性的栅格单元来观测该处的稳定性系数（F_s）以反映斜坡局部和整体的稳定性状况。

1）凸形第四系堆积层斜坡

图 5-46 展示了凸形第四系堆积层斜坡坡顶、坡腰、坡脚观测点的稳定性系数（F_s）与孕灾因子的关系。

由图 5-46 可知，各孕灾因子在特征范围内变化时（表 5-13 模型 1），F_s 的最小值为 0.48，最大值为 1.33。其中，坡顶 F_s 的变化范围是 1.3～1.33，整体来看稳定性系数基本大于 1.1，说明坡顶位置稳定性好；坡腰 F_s 的变化范围是 1.02～1.275，基本处于稳定状态；坡脚 F_s 的变化范围是 0.48～0.795，普遍小于 0.8，稳定性最差。斜坡内各位置的整体稳定性由大到小为坡顶＞坡腰＞坡脚。

表 5-13　研究区各典型斜坡的孕灾因子基准值表

斜坡模型及部位		黏聚力/kPa	内摩擦角/(°)	覆盖层厚度/m	坡度/(°)	地下水深度/m
模型 1	坡顶	22.0	16.0	2.35	6.0	3.01
	坡腰			1.33	10.5	2.44
	坡脚			0.81	17.4	0.78
模型 2	坡顶	26.8	24.2	2.46	11.8	3.53
	坡腰			1.44	15.6	3.01
	坡脚			1.08	20.4	2.77
模型 3	坡顶	26.8	24.2	2.64	17.5	3.86
	坡腰			1.56	23.6	3.63
	坡脚			3.02	20.8	3.54
模型 4	坡顶	30.0	35.0	0.66	28.4	5.01
	坡腰			2.01	15.8	3.78
	坡脚			1.75	22.7	3.65

注：模型 1.凸形第四系堆积层斜坡；模型 2.凸形残坡积层斜坡；模型 3.凸凹形残坡积层斜坡；模型 4.凹凸形花岗岩风化残积层斜坡。

表 5-14　各孕灾因子参数的特征范围表

斜坡模型及部位		黏聚力/kPa	内摩擦角/(°)	覆盖层厚度/m	坡度/(°)	地下水上升高度/m
模型 1	坡顶	21.0~23.0	15.0~17.0	1.85~2.58	2.0~10.0	0~0.4
	坡腰			0.83~1.85	6.5~15.5	
	坡脚			0.33~1.31	13.5~21.4	
模型 2	坡顶	25.8~27.8	23.2~24.2	1.96~2.96	7.8~15.8	0~1.0
	坡腰			0.95~1.94	10.6~18.6	
	坡脚			0.58~1.58	16.5~24.4	
模型 3	坡顶	25.8~27.8	23.2~24.2	2.15~3.14	13.5~21.5	0~1.0
	坡腰			1.06~2.06	19.6~27.6	
	坡脚			2.52~3.52	16.8~25.8	
模型 4	坡顶	29.0~31.0	35.0~36.0	0.16~1.16	25.5~32.4	0~1.0
	坡腰			1.53~2.51	11.8~19.8	
	坡脚			1.25~2.25	18.7~26.7	

表 5-15 为模型 1 各孕灾因子的敏感性值大小，可以看出，孕灾因子平均敏感性从大到小依次是地下水深度（0.31）、覆盖层厚度（0.255）、内摩擦角（0.118）、黏聚力（0.079）、坡度（0.027），其中地下水面未能浸润到坡腰及坡顶覆盖层厚度内，仅对坡脚稳定性有影响。坡顶位置稳定性较大的主要原因是其地势平缓，坡度较小，难以发生滑移失稳现象；坡腰位置坡度虽然比坡顶位置稍大，但覆盖层厚度比坡顶位置小很多，因此坡腰位置也处于稳定状态；坡脚位置稳定性较差的主要原因是坡度较大，且受地下水影响。

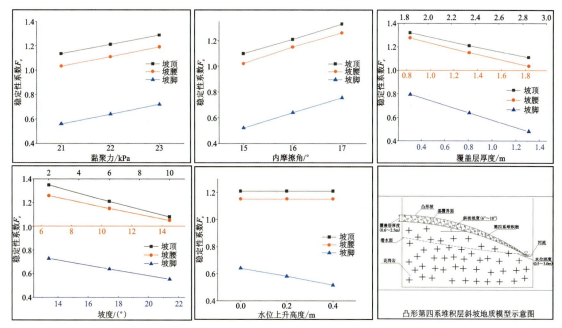

图 5-46 凸形第四系堆积层斜坡稳定性与孕灾因子关系图

表 5-15 模型 1 各孕灾因子敏感性值表

斜坡模型及位置		黏聚力	内摩擦角	覆盖层厚度	坡度	地下水深度
模型 1	坡顶	0.076	0.115	0.210	0.034	0
	坡腰	0.080	0.120	0.240	0.026	0
	坡脚	0.081	0.118	0.315	0.022	0.31
平均值		0.079	0.118	0.255	0.027	/

2) 凸形残坡积层斜坡

图 5-47 展示了凸形残坡积层斜坡坡顶、坡腰、坡脚观测点的稳定性系数(F_s)与孕灾因子的关系。

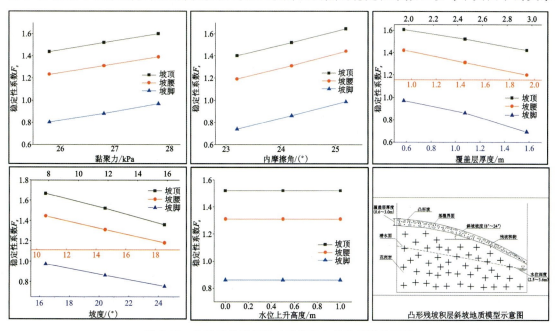

图 5-47 凸形残坡积层斜坡稳定性与孕灾因子关系图

由图 5-47 可知,各孕灾因子在特征范围内变化时(表 5-13 模型 2),F_s 的最小值为 0.69,最大值为 1.668。其中,坡顶 F_s 的变化范围是 1.358~1.668,整体来看稳定性系数普遍大于 1.3,说明坡顶位置稳定性较好;坡腰 F_s 的变化范围是 1.18~1.445,稳定性系数普遍大于 1.1,说明坡腰位置基本处于稳定状态;坡脚 F_s 的变化范围是 0.69~0.98,稳定性系数小于 1.0,稳定性较差,需重点关注。斜坡内各位置的整体稳定性大小为坡顶>坡腰>坡脚。

表 5-16 为模型 2 各孕灾因子的敏感性大小,可以看出,孕灾因子平均敏感性从大到小依次是:覆盖层厚度(0.228)、内摩擦角(0.124)、黏聚力(0.081)、坡度(0.033),由于地下水面未浸润到斜坡覆盖层内,因此地下水对斜坡稳定性几乎无影响。坡顶稳定性较好的原因是地势平缓,坡度较小;坡腰位置坡度虽然比坡顶稍大,但覆盖层厚度比坡顶小得多,因此坡腰位置稳定性较好;坡脚覆盖层厚度虽然比坡顶和坡腰都小,但斜坡坡度较大,因此其稳定性较差。

表 5-16　模型 2 各孕灾因子敏感性值表

斜坡模型及位置		黏聚力	内摩擦角	覆盖层厚度	坡度
模型 2	坡顶	0.081	0.122	0.185	0.039
	坡腰	0.079	0.126	0.220	0.033
	坡脚	0.083	0.124	0.280	0.028
平均值		0.081	0.124	0.228	0.033

3)凸凹凸形残坡积层斜坡

图 5-48 展示了凸凹凸形残坡积层斜坡坡顶、坡腰、坡脚观测点的稳定性系数(F_s)与孕灾因子的关系。

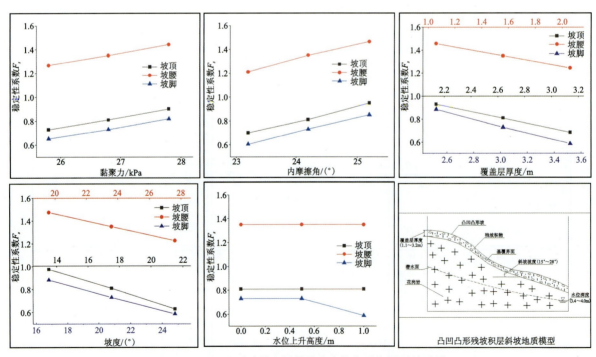

图 5-48　凸凹凸形残坡积层斜坡稳定性与孕灾因子关系图

由图 5-48 可知,各孕灾因子在特征值范围内变化时(表 5-13 模型 3),F_s 的最小值为 0.586,最大值为 1.474。其中,坡顶 F_s 的变化范围是 0.63~0.977,稳定性系数都小于 1,稳定性较差,需重点关注;坡

腰 F_s 的变化范围是 1.23～1.474,稳定性系数普遍大于 1.2,稳定性较好;坡脚 F_s 的变化范围是 0.586～0.885,稳定性系数普遍小于 0.9,稳定性最差。斜坡内各位置的整体稳定性大小为坡腰＞坡顶＞坡脚。

表 5-17 为模型 3 各孕灾因子的敏感性大小,可以看出,孕灾因子平均敏感性从大到小依次是地下水深度(0.286)、覆盖层厚度(0.252)、内摩擦角(0.125)、黏聚力(0.086)、坡度(0.037)。其中,当地下水面上升 1.0 m 时,地下水浸润到坡脚的覆盖层厚度内,未到达坡顶和坡腰的覆盖层厚度内,因此,地下水仅对坡脚的稳定性有影响。坡顶位置覆盖层厚度大、坡度较大,因此稳定性较差。坡腰位置的地表形态为凹形,由于两侧的支撑作用应力条件较好,且覆盖层厚度较小,因此坡腰位置稳定性最好;坡脚位置的覆盖层厚度和坡度都比坡顶大,且受到地下水影响,因此稳定性最差。

表 5-17 模型 3 各孕灾因子敏感性值表

斜坡模型及位置		黏聚力	内摩擦角	覆盖层厚度	坡度	地下水深度
模型 3	坡顶	0.087	0.125	0.245	0.043	0
	坡腰	0.088	0.128	0.212	0.031	0
	坡脚	0.083	0.123	0.298	0.037	0.286
平均值		0.086	0.125	0.252	0.037	/

4)凹凸形花岗岩风化残积层斜坡

图 5-49 展示了凹凸形花岗岩风化残积层斜坡坡顶、坡腰、坡脚观测点的稳定性系数(F_s)与孕灾因子的关系。

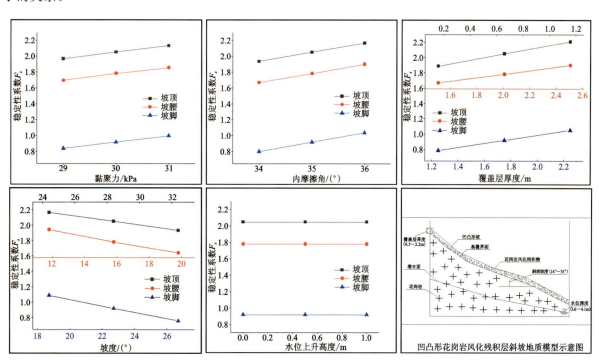

图 5-49 凹凸形花岗岩风化残积层斜坡稳定性与孕灾因子关系图

由图 5-49 可知,各孕灾因子在特征范围内变化时(表 5-13 模型 4),F_s 的最小值为 0.758,最大值为 2.209。其中,坡顶 F_s 的变化范围是 1.888～2.209,稳定性参数普遍大于 1.8,稳定性较好;坡腰 F_s 的变化范围是 1.638～1.94,稳定性系数大于 1.5,稳定性较好;坡脚 F_s 的变化范围是 0.758～1.089,稳定性相对较差,需要重点关注。斜坡内各位置的整体稳定性大小为坡顶＞坡腰＞坡脚。

表 5-18 给出了模型 4 各孕灾因子的敏感性大小,可以看出,孕灾因子的平均敏感度值从大到小依次是覆盖层厚度(0.271)、内摩擦角(0.117)、黏聚力(0.081)、坡度(0.036)。由于地下水面未浸润到斜坡覆盖层内,因此地下水对斜坡稳定性几乎无影响。坡顶位置的地表形态为凹形,凹形坡两侧的支撑作用使其应力条件较好,且坡顶的覆盖层厚度较小,因此稳定性较好。坡腰位置覆盖层厚度虽然较大,但坡度较小,不足以产生向下滑移的趋势,因此稳定性较好。坡脚位置坡度和覆盖层厚度都较大,稳定性相对较差。

表 5-18 模型 4 各孕灾因子敏感性值表

斜坡模型及位置		黏聚力	内摩擦角	覆盖层厚度	坡度
模型 4	坡顶	0.082	0.117	0.321	0.029
	坡腰	0.081	0.116	0.230	0.038
	坡脚	0.080	0.120	0.263	0.041
平均值		0.081	0.117	0.271	0.036

5) 对比分析

各孕灾因子在基准值附近变化时,对比 4 种典型斜坡模型的稳定性水平可以看出,稳定性由大到小分别为模型 4(F_s 为 0.758~2.209)、模型 2(F_s 为 0.68~1.668)、模型 3(F_s 为 0.586~1.474)、模型 1(F_s 为 0.48~1.33)。其中,模型 4 整体 F_s 最大的主要原因是其覆盖层(花岗岩风化残积物)的岩土体强度较大,且覆盖层厚度整体偏小;模型 1 的覆盖层为第四系堆积物,岩土体强度小,物质结构较松散,因此 F_s 相对最小;模型 2 和模型 3 的覆盖层都是残坡积物,岩土体强度处于模型 1 和模型 4 之间,而模型 3 的覆盖层厚度和坡度整体比模型 2 大,因此模型 2 整体 F_s 大于模型 3。

当孕灾因子在基准值附近变化时,对比 4 种典型斜坡的坡顶、坡腰和坡脚 3 个位置的 F_s 可以发现,4 种典型斜坡的坡脚位置和模型 3 坡顶位置 F_s 都小于 1,稳定性较差,需要重点关注。其余位置的 F_s 均大于 1,稳定性较好。

对比斜坡模型各孕灾因子的敏感性可以发现,4 种典型斜坡的主控孕灾因子都是覆盖层厚度,其次为内摩擦角、黏聚力和坡度。另外,模型 1 和模型 3 的坡脚位置易受地下水水位变化的影响,且地下水对斜坡稳定性的敏感性较大,降雨期需要重点关注。

3. 研究区斜坡稳定性空间分布规律

以上选取的 4 种典型斜坡具有一定的代表性。基于研究区常见的典型斜坡稳定性状况可揭示区内堆积层斜坡稳定性空间分布规律。在工况 1 条件下,通过 TRIGRS 模型计算出整个研究区栅格单元的稳定性系数 F_s,如图 5-50 所示。

对比图 5-50 和覆盖层厚度分布图可以发现:

(1) 第四系堆积区(分区 1)内稳定性状况一般。稳定性系数小于 1 的区域主要分布在地势较陡的地区,且不稳定区主要集中在斜坡的坡脚部位。这主要与分区 1 内大量分布的凸形第四系堆积层斜坡单元有关,其坡脚位置坡度较大,且受地下水影响,更容易发生失稳破坏。斜坡稳定性较好的区域主要分布在地势较平缓且覆盖层厚度较小的地区,即使是靠近天堂水库附近的平原地区,斜坡单元的稳定性系数基本都大于 1.2,说明在地势平缓的地区,斜坡失稳的可能性较小。

(2) 残坡积区(分区 2)内斜坡单元整体稳定性状况较差。稳定性系数小于 1 的栅格单元面积占比较大,不稳定区在高海拔地区和低海拔地区都有分布。高海拔地区主要集中分布在斜坡单元的坡脚和坡顶部位;低海拔地区主要集中分布在斜坡单元的坡脚部位。主要原因是高海拔地区分布了大量凸凹

第五章 堆积层滑坡孕灾条件及孕灾机理研究

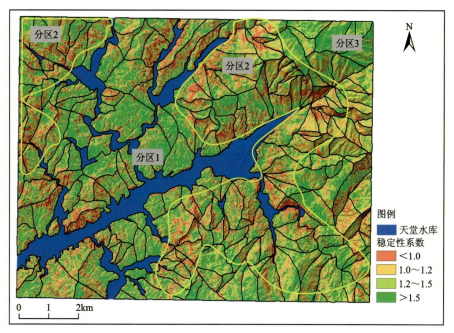

分区1.第四系堆积区(库水位影响区);分区2.残坡积区(过渡区);分区3.花岗岩风化残积区(硬残积区)。

图 5-50 工况一条件下研究区稳定性分布图

凸形残坡积层斜坡单元,其坡顶和坡脚部位的覆盖层厚度和坡度都较大,稳定性较差,而坡腰部位的地表形态为凹形,由于凹形坡两侧的支撑作用使其应力条件本身较好,且坡腰的覆盖层厚度较小,因此稳定性较好;而海拔较低的地区主要分布了大量凸形斜坡单元,其坡脚位置更容易发生失稳破坏。

(3)花岗岩风化残积区(分区3)内斜坡单元的稳定性整体较好。大部分地区斜坡单元的稳定性系数大于1.2。这主要是由于花岗岩风化残积物岩土体强度较大,并且整体覆盖层厚度较小。少部分不稳定区仅出现在海拔较低、覆盖层厚度较大的斜坡坡脚部位。造成这一现象的原因是分区3内主要分布了凹凸形花岗岩风化残积层斜坡单元,坡脚位置的坡度和覆盖层厚度都较大,稳定性较差。

五、研究区斜坡危险性评价

(一)评价方法及区划

1. 斜坡危险性计算方法

研究区斜坡危险性定义为在一定随机分布的参数区间内产生失稳的可能性。即在一定降雨条件下,根据 TRIGRS 模型的降雨入渗理论,计算得到斜坡单元体内孔隙水压力的变化,在此基础上基于研究区内岩土体强度参数的随机分布特征,计算每个栅格单元体的破坏概率。

根据研究区近61年降雨信息设定了两种降雨工况条件,并基于岩土体强度参数的平均值和标准差,利用蒙特卡洛法产生 N 组符合强度参数分布特征的随机数,通过 TRIGRS 计算得到 N 个稳定性系数,假设此 N 个稳定性结果中有 M 个小于或等于1,则计算栅格单元体的破坏概率为

$$P_f = P(F_s \leqslant 1) = \frac{M}{N} \tag{5-13}$$

综上所述,栅格单元体失稳概率计算基本流程如下:在不同降雨工况条件下计算 N 次栅格单元的

稳定性系数,然后筛选出稳定性系数小于或等于1的个数M,栅格单元破坏概率即为计算稳定性系数小于或等于1的个数占总数的概率。

基于栅格单元计算破坏概率,不同的降雨工况条件,栅格单元体失稳破坏概率的计算结果会有较大的变化,在整个研究区表现出一定的空间差异性。因此,通过该方法计算研究区内栅格单元体的失稳概率是可行的,可获得区域内斜坡体的危险性分布。

2. 危险性评价流程

本节在TRIGRS模型的基础上,结合斜坡危险性计算方法,基于ArcGIS软件中的栅格计算器工具统计各栅格单元破坏概率,随后根据危险性划分标准获取危险性区划图。区域滑坡危险性评价流程如图5-51所示。

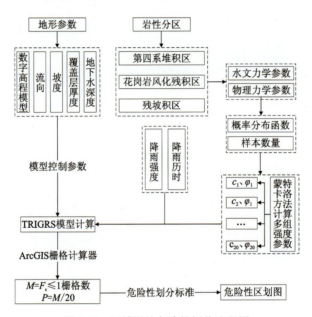

图5-51 区域滑坡危险性评价流程图

具体计算步骤如下:

(1)首先,将研究区地形参数输入TRIGRS模型的初始化文件中,包括区域基本控制参数(栅格尺寸、行数、列数)、DEM高程、坡度、流向、地下水深度以及覆盖层厚度参数等。

(2)根据研究区的三大类岩性分区输入水文力学参数和物理力学参数,物理力学参数包括岩土体黏聚力、内摩擦角和重度;水文力学参数包括水力扩散系数、饱和土体竖直渗透系数、初始地表入渗量和体积含水量。

(3)根据设定的工况输入降雨参数,包括降雨强度和降雨历时,本书设定了两种降雨工况、5个降雨阶段。

(4)研究区的力学参数概率分布函数符合平均分布特征,采用蒙特卡罗方法随机生成N个随机岩土参数变量,采用同样的方法将其输入TRIGRS模型计算文件中,得到了N个稳定性系数栅格图层。

(5)将N个稳定性系数栅格图导入ArcGIS软件,随后利用栅格计算器工具中的con函数统计出稳定性系数小于1的栅格数,这里记作M,利用公式(5-13)计算失稳概率即可,概率计算结果可以单另保存为一个栅格图层文件。

(6)根据危险性划分标准重分类失稳概率图层即可得到危险性区划图。

3. 危险性区划及说明

确定研究区滑坡危险性评价划分的等级及对应的取值区间是危险性的分区依据。基于前人的研究成果,将滑坡危险性划分为高危险性、较高危险性、中危险性、低危险性 4 个等级,各等级取值区间见表 5-19。按所确定的危险性等级将计算结果重分类后绘制图件。

表 5-19 危险性等级表

危险性分级	分级指标	危险性等级
1	$P_f \geqslant 0.8$	高危险性
2	$0.6 \leqslant P_f < 0.8$	较高危险性
3	$0.4 \leqslant P_f < 0.6$	中危险性
4	$P_f < 0.4$	低危险性

(二)危险性评价结果分析及验证

1. 危险性评价结果

研究区滑坡危险性评价结果见图 5-52。其中,图 5-52(a)、(b)分别表示降雨前与工况一条件下连续降雨 8h 后的危险性区划;图 5-52(c)~(f)分别表示工况二条件下不同降雨历时和不同降雨强度的危险性区划。

2. 结果验证

为了检验评价结果的准确性,选取接近实际降雨量(工况二 2-2 阶段)的斜坡危险性计算结果为依据。从图 5-52(d)的危险性评价区划图中抽取部分区域,将现场调查的实际滑坡情况与评价结果进行对照检验(图 5-53)。结果表明,基于 TRIGRS 模型计算的区域滑坡危险性评价结果具有实际意义。

以图 5-53 为例进行说明,验证区的 3 个滑坡点分别是闻家湾滑坡、胡家大湾滑坡和李河滑坡,与研究区斜坡危险性评价结果均具有很好的对应性。

(1)闻家湾滑坡位于花岗岩风化残积区内,南侧为 S204 省道,坡体岩土体主要为颗粒较大的砾石、碎石及砂土,覆盖层厚度为 0.6~1.2m,斜坡坡度较大。现场检验时正值降雨期,发现斜坡表层土体受降雨影响,稳定性差,表层可见溜滑现象,且有大块巨石堆积,推测之前发生过大规模滑坡,这与危险性计算结果图中高危险性等级区域位置基本一致。

(2)胡家大湾滑坡位于残坡积区内,南侧为天堂水库,坡体岩土体主要为残坡积粉质黏土、砂、砂砾石,覆盖层厚度为 1.6~2.0m,斜坡坡度大。现场调查发现坡体已经发生小范围滑移现象,滑坡后缘清晰可见,现场推测强降雨期可能再次发生滑坡,基本与危险性计算结果的高危险性等级一致。

(3)李河滑坡位于第四系堆积区内,西侧和南侧距离天堂水库较近,坡体岩土体主要为砂土、粉质黏土及粉砂质黏土,覆盖层厚度为 1.0~1.5m,斜坡坡度较大。现场调查发现局部发生小型滑塌,坡体表面可见土体溜滑现象,植被杂乱无章,推测强降雨期及库水位上升期斜坡稳定性较差,滑坡所在位置符合实际工况条件下危险性区划结果。

由此可见,现场调查的 3 处滑坡点位置与实际降雨工况条件(工况二 2-2 阶段)下计算的危险性评价结果较一致。

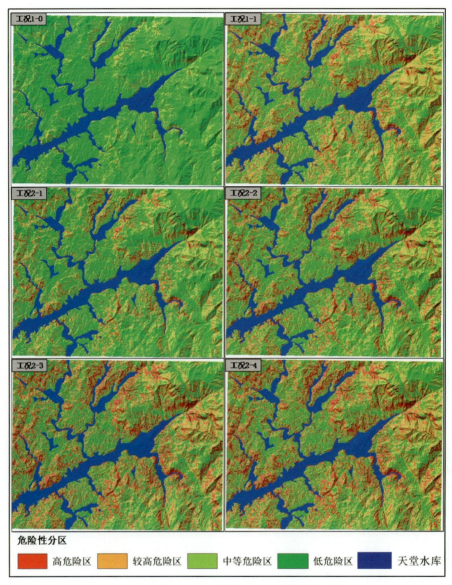

图 5-52 研究区各工况滑坡危险性评价结果图
(a)工况一 1-0 阶段;(b)工况一 1-1 阶段;(c)工况二 2-1 阶段;(d)工况二 2-2 阶段;(e)工况二 2-3 阶段;(f)工况二 2-4 阶段

(三)研究区孕灾因子与危险性结果分析

1. 结果分析

由图 5-52(b)可以发现,持续均匀降雨 8h 后,研究区内低危险区和中等危险性区主要分布在低海拔的阶地平台和河漫滩平原区域,这些地区的覆盖层厚度虽然较大,但地势较平缓,斜坡坡度小,发生滑坡的可能性较小;其次是分布在研究区东北部的高海拔地区,该区域斜坡坡度虽然较大,但覆盖层厚度较小,且岩土体强度大,因此斜坡稳定性较好。研究区内较高危险性和高危险性区主要分布在天堂水库及其支流两侧的陡坡地带,这些地区的斜坡坡度较大,且容易受地下水水位影响,因此发生滑坡的可能性较大。

第五章　堆积层滑坡孕灾条件及孕灾机理研究

图 5-53　滑坡危险性评价结果验证及现场调查

由图 5-52(c)~(f)可以发现,连续降雨 8h 内不同降雨强度和不同降雨历时条件下,降雨强度越大,持续时间越长,斜坡的稳定性越易变差;随着降雨量不断增大,较高和高危险性增长较快的区域主要分布在岩土体强度较小、斜坡坡度较陡且覆盖层厚度较小的坡脚部位。这是因为这些区域汇水面积大,地下水水位上升较快,岩土体更容易达到饱和状态,土体稳定性较差。

为了更加直观地分析不同降雨工况下研究区危险性变化情况,本节采用危险性等级面积比进行比较,即计算危险性等级属性相同的栅格单元总面积占研究区总面积的百分比。不同降雨工况的危险性等级面积比曲线见图 5-54。

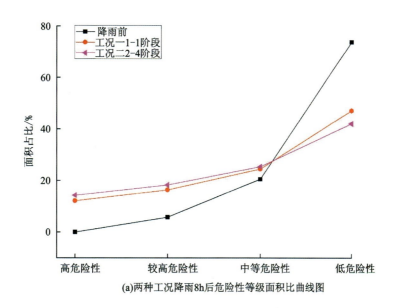

(a)两种工况降雨8h后危险性等级面积比曲线图

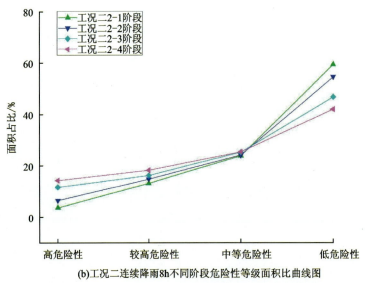

(b)工况二连续降雨8h不同阶段危险性等级面积比曲线图

图 5-54 研究区不同工况危险性等级占比统计结果图

通过对比工况二 2-2 阶段和工况二 2-3 阶段[图 5-54(b)],可以看出,工况二 2-2 阶段的高危险性区域和较高危险性区域的面积占比分别为 6.47%、14.71%,工况二 2-3 阶段高危险性区域和较高危险性区域的面积占比分别为 11.46%、16.3%。由此可见,研究区内斜坡稳定性对短时间内的强降雨较为敏感。这主要由于在短时强降雨条件下,降雨入渗使得岩土非饱和瞬时孔压增大,从而导致栅格单元稳定性降低,较高以上危险性区域面积增加较为明显。

2. 危险性评价结果与孕灾因子分析

基于两种工况条件下的危险性计算结果,选取降雨时长、坡度和覆盖层厚度 3 种孕灾因子,分析其与斜坡危险性评价结果的关系。

1)降雨时长与斜坡危险性关系分析

为了研究同等降雨强度下,降雨历时与斜坡危险性的关系,本节对比了工况一与工况二 2-1 阶段的危险性计算结果。降雨强度都为 18mm/h,降雨时长分别为 8h 和 4h[图 5-52(b)、(c)],可以明显发现随着降雨时长的增大,研究区内斜坡的稳定性出现了较大变化,较高危险性等级以上的区域面积扩张较明显,研究区稳定性总体呈下降趋势,具体分析见表 5-20。

表 5-20 不同降雨时长的斜坡危险性变化情况表

降雨时长/h	概率值(P)	危险性程度分级	栅格数量/个	面积/km²	面积相对密度/%
0	≥0.8	高危险区	0	0	0
	0.6~0.8	较高危险区	63 139	6.31	6.74
	0.4~0.6	中等危险区	225 396	22.54	20.51
	<0.4	低危险区	810 823	81.08	73.75
4	≥0.8	高危险区	39 839	3.98	3.62
	0.6~0.8	较高危险区	144 478	14.4	13.14
	0.4~0.6	中等危险区	262 094	26.21	23.84
	<0.4	低危险区	652 947	66.29	59.39

第五章　堆积层滑坡孕灾条件及孕灾机理研究

续表 5-20

降雨时长/h	概率值（P）	危险性程度分级	栅格数量/个	面积/km²	面积相对密度/%
8	≥0.8	高危险区	132 846	13.28	12.08
	0.6～0.8	较高危险区	179 216	17.92	16.31
	0.4～0.6	中等危险区	269 162	26.92	24.48
	<0.4	低危险区	518 134	51.81	47.13

由表 5-19 可知，当降雨时长为 0 时，整个研究区基本处于稳定状态，低危险区和中等危险区总面积占比为 93%；在工况二 2-1 阶段，较高和高危险区面积占比分别为 13.14%、3.62%，研究区整体上比较稳定；在此基础上继续降雨 4h，即工况一 1-1 阶段，较高危险区和高危险区面积占比分别增加到 16.31% 和 12.08%，低危险区与不受降雨前相比，整体下降了 26.6%。

综上分析可知，随着降雨时长的持续增大，较高以上危险性区域面积增加明显。这主要是由于随着降雨时长的增加，累计降雨量不断增大，土体达到饱和的面积不断变大，斜坡稳定性变差，比较符合实际浅层堆积层斜坡受降雨量影响的一般规律。

2）坡度与斜坡危险性关系分析

坡度是影响斜坡稳定性主要因素之一，因此研究坡度对堆积层斜坡危险性的影响规律极其重要。表 5-21 给出了工况二 2-3 阶段斜坡危险性与坡度关系进行了统计分析。

表 5-21　工况二 2-3 阶段栅格数量与坡度关系表

坡度分类	坡度/(°)	栅格总数/个	栅格相对密度/%	各危险性等级栅格数量/个			
				高危险区	较高危险区	中等危险区	低危险区
极陡坡	≥35	137 608	12.52	59 445	71 928	2220	4015
陡坡	26～35	282 765	26.72	89 330	138 356	45 258	9821
较陡坡	16～25	340 188	30.94	1181	166 221	100 538	72 248
缓坡	8～15	155 888	14.18	0	0	31 107	124 781
较缓坡	6～8	45 080	4.11	0	0	0	45 080
微坡	<5	137 829	12.54	0	0	0	137 829
合计	/	1 099 358	100.00	149 956	376 505	179 123	393 774

根据《水土保持综合治理规划通则》（GB T 15772—1995）将研究区内斜坡按照坡度大小分为极陡坡（≥35°）、陡坡（26°～35°）、较陡坡（16°～25°）、缓坡（8°～15°）、较缓坡（6°～8°）和微坡（<5°）6 类。

从统计结果可以看出，较高危险和高危险区主要分布在 15° 及以上的斜坡内。极陡坡区域内有 96.5% 处于不稳定区，其中高危险性区占比 43.2%，较高危险区占比 52.3%；陡坡区域内有 80.5% 处于不稳定区，其中高危险区占比 31.6%，较高危险区占比 48.9%；较陡坡区域内高危险区占比 0.34%，较高危险区占比 48.9%；缓坡、较缓坡及微坡区域内斜坡危险性等级较低，基本都处于稳定状态。

这一结果说明，当研究区地质环境背景相同时，在一定坡度范围内，坡度越陡的斜坡稳定性越差，斜坡危险性等级越高。

3）覆盖层厚度与斜坡危险性关系分析

表 5-22 给出了工况二 2-3 阶段斜坡危险性与覆盖层厚度关系统计分析结果。

表 5-22 工况二 2-3 阶段栅格数量与覆盖层厚度关系表

覆盖层厚度/m	栅格总数/个	栅格相对密度/%	各危险性等级栅格数量/个			
			高危险区	较高危险区	中等危险区	低危险区
0～0.5	134 463	12.23	29	2404	3752	128 278
0.6～1.5	408 305	37.14	60 507	151 409	74 674	121 715
1.6～2.0	314 150	28.58	41 652	129 713	60 317	82 468
2.0～3.0	240 282	21.86	47 358	92 256	40 017	60 651
3.0～6.0	2158	0.20	408	723	363	664
合计	1 099 358	100	149 954	376 505	179 123	393 776

由表 5-21 可以看出,高危险区内有近 40.4% 栅格单元分布在 0.6～1.5m 厚度区内,其次为 1.6～2.0m、2.0～3.0m,占比分别为 27.8%、31.6%;较高危险区内有 40.2% 的栅格单元分布在 0.6～1.5m 厚度区间内,其次是 1.6～2.0m 厚度区间,占比为 34.5%;低危险区内有 63.5% 的栅格单元分布在 0～1.5m 厚度区间内;3.0～6.0m 厚度区间在整个研究区面积占比仅为 0.2%,对危险性分区影响不大。

由上述分析可知,较高危险性区和高危险性区主要分布在 0.6～2.0m 厚度区间内,并不是出现在覆盖层厚度较大的地区。这主要是由于 0.6～2.0m 厚度区间大多分布在天堂水库及其支流附近的陡坡地区,并且第四系堆积区的斜坡坡脚位置、残坡积区的斜坡坡顶和坡脚位置覆盖层厚度集中分布在 0.6～2.0m 之间。这些区域的斜坡坡度整体较大,且易受地下水影响,从而导致斜坡稳定性较差,危险性等级较高。虽然一些地区的覆盖层厚度较大,但地形平缓,坡度较小,斜坡稳定性较好。

第二节 堆积层滑坡孕灾机理研究

选取九资河集镇堆积层斜坡单元为研究对象,全面分析鄂东北地区堆积层滑坡特点,研究滑坡发生与降雨量关系、滑坡变形特征与降雨入渗相关性,总结梳理鄂东北地区堆积层滑坡孕灾机理如下:

(1)鄂东北处于大别山腹地,区内山高谷深,地形切割严重,降雨充沛,地质灾害极为发育,是湖北省内受地质灾害危害最严重的地区之一。鄂东北地质灾害具有"点多面广、小灾大害、雨灾同期"的总体特点。从灾种上来看,滑坡占地质灾害总数的 80%,而堆积层滑坡占滑坡总数的 60%,且其成灾机理、运动形式、破坏模式等特点极具代表性。

(2)鄂东北地区堆积层滑坡由降雨因素引起的占 86.10%;在空间上,降雨型滑坡主要分布在英山县和罗田县内,分别占灾害总数的 27.91% 和 18.43%。采用贡献率法分析得到月平均降雨量为 (240mm,360mm]、地形坡度为 [8°,25°)、工程地质岩类为变质岩时,对降雨型滑坡数量贡献率最大。将鄂东北地区降雨型滑坡分为高易发区、中易发区和低易发区,通过分析 2016 年发生的 28 处降雨型滑坡附近气象站当日降雨量、前期降雨量与滑坡之间的关系发现,96.43% 的滑坡灾害发生当日有降雨,且其中 71.43% 的滑坡灾害发生当天降雨强度达到暴雨及以上。将关键期日均降雨量作为高易发区的雨量阈值标准,前期日均降雨量作为低易发区的雨量阈值标准,中易发区则介于二者之间,针对各个易发区分别给出了预报、预警、警报 3 种状态下所对应的降雨量参考值。针对典型堆积层滑坡,通过短期强降雨入渗模拟发现,坡脚和坡顶处体积含水率增加速度快,坡脚和滑动面软化速度相对较快,滑坡稳定性系数呈先缓后急的下降趋势。

第五章　堆积层滑坡孕灾条件及孕灾机理研究

（3）鄂东北地区典型堆积层滑坡的接触面主要包括基覆界面、洪坡积物与全—强风化残积物接触面、人工填土与自然堆积物接触面、全—强风化残积物内部裂隙面4种类型。这4种类型的接触面均有可能引起滑坡的整体或局部失稳。土-土接触界面剪切试验结果显示，接触面的黏聚力均随着含水量的增大而单调减小，尽管减小的幅度不如黏聚力，接触面的内摩擦角也随着含水量的增大而单调减小。在饱和条件下，土-岩接触界面的抗剪强度参数最小，抗剪强度参数稍大，残积层的抗剪强度参数最大，表现为接触面的黏聚力数值显著低于残积层的黏聚力测试值，而内摩擦角的测试值差距较小。

（4）以九资河镇为研究对象，从堆积层斜坡孕灾因子，特别是覆盖层厚度的空间分布及特征确定出发，研究孕灾因子对区域堆积层斜坡稳定性的作用规律，揭示区域堆积层斜坡稳定性的空间分布规律，提高了区域斜坡危险性评价结果的实际指示性。根据研究区各岩性区内占优势的斜坡坡形类型，概化出凸形第四系堆积层斜坡（模型1）、凸形残坡积层斜坡（模型2）、凸凹凸形残坡积层斜坡（模型3）和凹凸形花岗岩风化残积层斜坡（模型4）4种典型堆积层斜坡地质模型。它们的整体稳定性水平由大到小分别为模型4（F_s为0.758~2.209）、模型2（F_s为0.68~1.668）、模型3（F_s为0.586~1.474）、模型1（F_s为0.48~1.33）；4种典型斜坡的坡脚位置和模型3的坡顶位置F_s都小于1，稳定性较差，需要重点关注，其余位置的F_s均大于1，稳定性较好；4种典型斜坡的主控孕灾因子都是覆盖层厚度，其次为内摩擦角、黏聚力和坡度，地下水深度仅对模型1和模型3的坡脚稳定性有影响。研究区内斜坡危险性评价结果与现场调查的实际滑坡发生情况基本一致，斜坡稳定性对短时强降雨较为敏感，当降雨总量相同时，降雨历时越短对斜坡稳定性越不利。

第六章　鄂东北堆积层滑坡典型案例

第一节　黄梅县大河镇袁山村三组滑坡

一、概述

2020年7月8日,黄梅县遭遇特大暴雨,当日0时至6时,平均降雨量达200mm,大河镇最大达353mm,超历史极值。受特大暴雨影响,凌晨4时5分左右,大河镇袁山村三组突发一起小型土质滑坡,已滑体积约40 000m³,导致5户17间房屋被毁(11间砖房、6间土坯房),造成8人遇难和1人受伤,毁田100亩,损毁输电线路400m、供水管道400m,直接经济损失约1000万元。滑坡发生后斜坡区域尚有近10 000m³残留体处于不稳定状态。

二、地质环境条件

1. 地形地貌

袁山村三组滑坡所在区属构造侵蚀丘陵区,地面高程200～500m,切割深度一般为150～300m,局部达400m。

袁山村滑坡后缘高程260m,后缘滑坡壁坡度约50°,前缘剪出口高程约120m,相对高差约140m,剖面形态上陡下缓,总体坡度约31°,主滑方向200°。滑动区长约125m,均宽约80m,滑体平均厚度1.5m。滑体下滑堆积于坡脚处,坡脚高程63m,滑坡前缘与坡脚相对高差57m。堆积体形态呈扇形,扇长150m,扇宽90m(图6-1)。

2. 地层岩性

袁山村三组滑坡主要由第四系残坡积层(Qh^{d+dl})和燕山晚期二长花岗岩($n\gamma_5^3$)组成,岩性特征如下。

第四系残坡积层(Qh^{d+dl}):土黄色粉质黏土夹碎石,呈可塑—硬塑状,结构松散,堆积层自上而下粒径依次变小,碎石含量依次降低,滑坡顶部土石比约7∶3,底部土石比约8∶2,碎石成分主要为燕山晚期二长花岗岩,碎石块径2～5cm,棱角—次棱角状,分布于斜坡体中下部。

燕山晚期二长花岗岩($n\gamma_5^3$):分布于第四系覆盖层之下,局部地段出露。岩石为灰白—浅肉红色,中粒花岗构造,块状构造。斑晶为微斜条纹长石,粒径4～5mm,由斜长石、石英、黑云母、角闪石组成。下伏基岩表层风化强烈,岩体性脆,遇水软弱,手捏易碎,风化层厚度1～2m,局部岩体球形风化成球状块

第六章　鄂东北堆积层滑坡典型案例

图 6-1　袁山村三组滑坡全貌图

石,在本次滑坡过程中滚落至坡脚。中风化花岗岩结构完整,裂隙弱发育。

3. 地质构造

区域均未见到有明显的断层构造,构造作用对滑坡的发生影响较小。

4. 气象水文

黄梅县多年平均气温 16.7℃,最高年为 17.7℃(1961 年),最低年为 16.2℃(1969 年),相差 1.5℃。因地形海拔不同,全县气温由南向北逐次递减,南部湖区年平均气温为 16.9℃,中部低丘地区为 16.7℃,高丘地区为 16.5℃;北部低山地区为 14.7℃,高处为 12.2℃。最冷月为 1 月、2 月,多年平均气温仅 3.9℃。

全县多年平均降水量为 1 369.34mm,北部低山高丘地区(古角)为 1 406.1mm,中部(黄梅镇)地区为 1 276.7mm,南部(龙感湖)平原地区为 1 293.5mm,总趋势自南向北逐渐增大。由于历年大气环流形势不同,各年的降雨量差别较大,最多年为 2 274mm(2020 年),最少年为 800.1mm(1978 年)。全年以 6 月降雨量最多,平均 212.3mm;12 月降雨量最少,平均仅 39.9mm,相差 172.4mm。月最大降雨量 600.3mm,出现在 1998 年 7 月,日最大降雨量为 301.1mm,出现在 1998 年 7 月 22 日。1h 最大降雨量 41.7mm,出现在 1983 年 5 月 15 日。一年之中 4—8 月为暴雨集中期,多年平均月降雨量为 130.12~229.25mm,总量为 867.59m,占多年平均降雨量 1 369.34mm 的 63.36%。多年平均蒸发量为 1 553.1mm,每年以 8 月最大,为 221.1mm,11 月最小,为 59.8mm,夏秋冬三季蒸发量大于降雨量。

三、滑坡特征

1. 形态及规模特征

据野外踏勘、工程地质测绘及勘查,滑坡区平面呈舌形,滑体物质为第四系残坡积层及下部全—强风化花岗岩,滑面呈弧线状,滑体后缘整体下错约 25m,滑坡壁坡度约 50m。整个滑体及堆积区长 500m,均宽约 80m,为小型岩土混合型滑坡,分为滑动区及堆积区(图 6-2)。

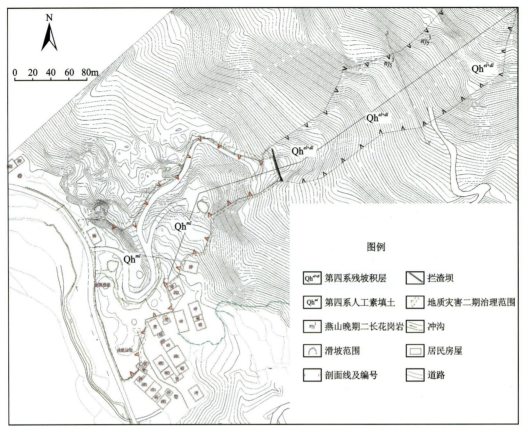

图 6-2　袁山村三组滑坡工程地质平面图

滑动区:平面呈舌形,滑体物质为第四系残坡积层碎块石土,滑面呈弧线状。滑体顺坡向整体下错,后缘整体下错 25m,滑坡壁坡度约 50°。滑体后缘高程 260m,根据现场调查推测前缘剪出口位于斜坡体中部高程约 120m 处,相对高差约 140m。剖面形态上陡下缓,总体坡度约 31°,主滑方向 200°。滑动区长约 125m,宽约 80m,滑体平均厚度 1.5m,体积约 15 000m³,现状滑坡区保留堆积体体积约 10 000m³。

2. 变形破坏特征

袁山村三组滑坡为发生在全—强风化花岗岩中高位远程滑坡,位于坡向 250°、自然坡度 20°~50° 的上陡下缓斜坡中上部陡坡地段。平面形态为舌形,主滑方向 200°,宽约 80m,厚约 1.5m,剪出口与坡底高差达 145m。滑坡启动后,滑体(粉质黏土风化砂夹块石)在地表水作用下沿主方向 SW250° 冲沟向下快速运移,连带沟底及两侧残坡积物呈碎屑流形态运移约 350m,在冲沟口形成约 40 000m³ 的扇形堆积体。

滑坡堆积体及滚落的大块石导致 5 户 17 间房屋被毁(11 间砖房、6 间土坯房),造成 8 人遇难和 1 人受伤,毁田约 100 亩,损毁输电线路 400m 及供水管道 400m。此外,滑坡的发生导致原始坡体植被破坏。

3. 岩性结构特征

袁山村三组滑坡滑体为残坡积层及片麻岩强风化层,滑带为岩体强弱风化接触面,滑床为片麻岩。

(1)滑体。包含表层第四系残坡积物、下部全—强风化花岗岩及球状风化花岗岩大块石,残坡积物岩性为粉质黏土夹碎石,土黄色,土石比 8∶2。土体结构较松散,含水率大,抗压强度低,碎石粒径以

5～20cm 为主,成分主要为二长花岗岩,呈棱角—次棱角状;全强风化花岗岩结构破碎,呈沙状;花岗岩块石为差异球形风化形成的块石,结构完整,岩体风化程度弱,块径 2～5m。

(2)滑带。结合滑体变形特征,确定袁山村三组滑坡滑带为花岗岩强风化接触面。

(3)滑床。通过滑坡区勘查揭露,综合确定滑床位于滑动区,为中等风化花岗岩,岩石为灰白—浅肉红色,中粒花岗,块状构造,厚 5～25m,裂隙弱发育,岩体结构完整性较好。根据现场调查,袁山村滑坡后壁岩体产状为 210°∠35°,滑坡后缘左侧区域发育一组节理裂隙:①260°∠90°;②70°∠78°;③190°∠60°(图 6-3)。

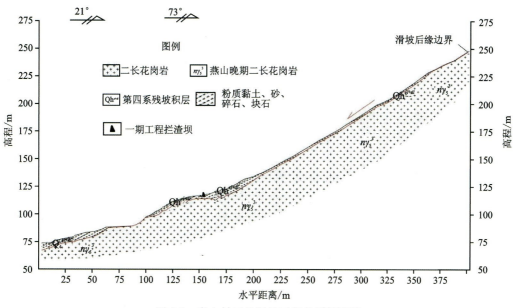

图 6-3　袁山村三组滑坡工程地质剖面图

4. 滑动带特征

滑动带位于片麻岩强弱风化接触面,厚 5～25m。

5. 水文地质条件

滑坡区域水文地质条件较为简单。地表水主要为大气降水,汇水面积 12 000m²。地下水类型可分为两类,一类为第四系松散岩类孔隙水,另一类为变质岩基岩裂隙水。

(1)第四系松散岩类孔隙水。主要赋存于第四系残坡积物中,主要接受大气降水补给,以上层滞水为主,赋存于包气带中,含水量少。

(2)基岩裂隙水。主要分布于片麻岩基岩裂隙之中,接受大气降水和上覆第四系孔隙水的补给,顺基岩裂隙面呈线状或面状运移。由于基岩中裂隙较发育,排泄较通畅。

袁山村滑坡坡脚泉水主要为基岩裂隙水,于坡脚处出露形成小水潭,坡体中部及左侧残坡积物较厚,较为潮湿。

四、滑坡成因机制分析

形成袁山村三组滑坡的因素可分为内在因素和外部因素。内在因素与其地质环境条件及自身特点有关,主要包括地形地貌、坡体结构及物质组成等;外部因素主要为大气降水。

1. 地形地貌

袁山村三组滑坡区属中低山丘陵区,滑坡区处于两顺坡向分水岭之间,地势相对两侧略低,汇水条件较好,遇强降雨天气,短时间内易形成大量地表径流汇集于斜坡体,并向坡体内部渗流。

2. 地层岩性

袁山村三组滑坡上覆第四系残坡积物主要为粉质黏土夹碎石,土层平均厚1~3m,土体结构松散,孔隙度高,透水性好,易饱水,下伏花岗岩全—强风化,节理裂隙发育,风化强烈,部分岩体较破碎,手捏易碎,透水性好。中风化花岗岩岩体结构完整、坚硬、节理弱发育,起隔水作用。

3. 大气降水

滑坡地处亚热带季风性暖湿气候区,雨量充沛,降雨主要集中在5—8月份的汛期,梅雨或暴雨较多见,降雨量占全年总量的50%以上。

据黄梅县降雨资料统计,自6月中旬起黄梅县范围普降暴雨,2020年7月8日,黄梅县遭遇特大暴雨。当日0时至6时,黄梅平均雨量达到200mm,大河镇最大达到353mm,超历史极值。由于降雨连续集中,雨水入渗使滑体内地下水水位迅速升高,致使坡体内孔隙水压力随之升高,滑坡土体由于饱水重度增加,坡体荷载增加,同时,雨水入渗至岩层接触面减弱摩擦阻力及抗剪力,不利于坡体的稳定。

4. 人类工程活动

滑坡区人类工程活动一般,主要表现为坡脚局部农村道路切坡、建房切坡等,对原始坡体形态的改变程度小。人类工程活动对滑坡区的地质环境影响程度较小。

五、主要防治对策

1. 整体防治思路

根据滑坡的稳定分析评价,以保护区域内居民的生命财产安全为原则,进行防治工程方案设计。

由稳定性分析结果可知,在天然工况下,滑坡整体上处于稳定状态,不会发生整体破坏;在暴雨工况下,滑坡可能发生整体上的推移式破坏。因此,总体防治方案为拦渣坝(应急治理)+危岩体及孤石清除+滑坡区堆积体清运+坡面整形+挡土墙设计+截排水沟设计+消能池+植被护坡(图6-4、图6-5)。

2. 分项工程设计

(1)拦渣坝。修建于坡脚山体垭口处,能有效拦挡后期滑坡区沟道侵蚀形成的残坡积碎块石土、块石及沙状花岗岩,避免造成道路及农田掩埋。坝肩深入两侧山体,拦渣坝设计坝高6.0m,有效坝高5.0m,溢流口深度1.0m,基础埋深1.0m;坝长86.0m,溢流段顶宽6.0m,底宽59.0m;坝顶厚1.0m,基础底面宽4.5m,坝体迎水面坡率1:0.5,背水面坡率1:0.2;坝体实体圬工及基础均采用浆砌块石,块石取用爆破清除的危岩体及孤石(为中等风化花岗岩,强度基本满足要求)。拦渣坝坝溢流口底部设30cm厚防磨蚀层。溢流口下设2排方形泄水孔,泄水孔宽0.4m,高0.4m,泄水缝隙设25cm厚岸防磨蚀层。磨蚀层均采用C30素混凝土材料。坝下游范围内设浆砌块石台阶状护坝,台阶步长3m,护坝铺底厚1.0m。缝隙坝左、右坝肩均为风化花岗岩,嵌入深度不小于2.5m;建议覆盖层临时开挖坡率1:0.3。

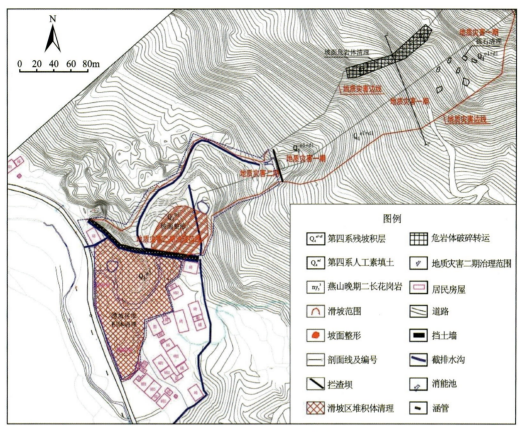

图 6-4　袁山村三组滑坡工程布置平面图

图 6-5　袁山村三组滑坡治理工程概貌

（2）危岩体清除。袁山村三组滑坡属于中高位高速滑坡，滑动区右侧及上部区域存在较大范围危岩松动区，岩体结构面较为发育，在暴雨或持续降雨的情况下，雨水沿岩体裂隙入渗，孔隙水压力增大，岩石极易再次滚落。为了防止危岩体在暴雨条件下发生崩塌，造成坡脚人员伤亡及财产损失，必须采取清除松动岩体的措施，预计清理风化破碎危岩体总体积为 565.5m³，转运至指定的弃渣堆场。清除应按自上而下的工序进行，坡底应设临时拦石网及砂袋拦截落石。

（3）孤石清除。滑坡区存在大量大块孤石，块径1～4m，且由于场地坡度较陡，无法直接转运，出于安全考虑，需采用静态爆破方式将大块石拆解成小块石进行转运，估算爆破清理危岩体体积约600m³。清除也应按自上而下的工序进行，坡底应设临时拦石网及砂袋拦截落石。

（4）滑坡区堆积体清运。现状滑坡区仍有4990m³堆体堆积于斜坡上，堆积体物质结构组成为碎块石土，物质结构松散，下伏花岗岩结构相对完整，在降雨因素下极易形成滑坡，需对堆积体进行清理转运，预计清理转运体积4990m³。本次坡面清理的碎石土及块石应按当地政府所指定的弃土场所进行堆放，弃渣堆放应自下而上分层填筑并摊平碾压，最大层厚不超过1m，横坡至少为6%，堆积高度大于8m，设置宽4m的边坡平台，弃土场周围设置截排水设施。

（5）坡面整形。一期工程对滑坡区已进行坡面整形并于隘口处修建拦渣坝，故滑坡区只进行危岩体清理。滑坡区下方为堆积区，需对挡土墙上方区域进行整形，以增加排水的便利性。整形坡率根据现场实际情况而定，体积约1500m³。

（6）挡土墙设计。根据滑坡特征，在拦渣坝下方堆积体靠后区域设置浆砌块石挡土墙，总长106m，墙身高5m，墙顶宽1.5m，底宽3m，面坡坡率1∶0.3，背坡坡率1∶0，墙底水平，基础埋深1.5m，采用浆砌块石砌筑，M7.5抹面厚度一般为20mm。挡土墙自墙顶到基底每隔10m设一道伸缩缝，缝宽20mm，缝内采用柏油杉板充填。墙体设置3排泄水孔，泄水孔直径50mm，水平间距2m，第一排泄水孔距地面0.5m，第二排泄水孔距地面1.5m，第三排泄水孔距地面2.5m，采用ϕ50PVC排水管，泄水孔倾角5°，倾向墙外，墙后设置高2.5m，厚0.4m反滤层，设置20cm碎石垫层。背部进行整形绿化，若土层不能满足绿化种植要求，则进行填土，使其满足绿化的要求。

（7）截排水沟设计。在拦渣坝前修建的截水沟主要用于排泄拦渣坝泄水孔水流，在滑坡左侧修建的截水沟用于排泄滑坡左侧及前缘坡面径流，避免直接漫流造成水毁。根据计算，截排水沟截面设计为矩形断面，长580m，整体宽1.1m，高0.8m，内壁净宽取0.5m，净高取0.5m，采用浆砌块石结构。为防止温差和沟渠基础不均匀沉陷造成的沟渠裂缝，所有衬砌进行分缝，分缝间距10m，缝宽为2cm，缝中设柏油杉板止水，迎水面用沥青填缝。排水沟主要用于排挡土墙泄水孔中的水，由于水量较小，故不进行流量设计。排水沟长129m，壁厚0.3m，内壁净宽取0.4m，净高取0.4m。

（8）消能池设计。由于滑坡坡降较大，为防止滑坡前缘排水沟冲蚀，排导槽进口设置消能池，采用浆砌块石砌筑，池壁厚0.4m，水池内壁长5m，宽4m，壁高2m，进水口接入冲沟水源，且进出水口与排导槽槽底平齐。

（9）植被防护设计。滑坡影响范围较广，植被破坏较严重，在降雨条件下坡体松散物极有可能下滑而形成泥石流，因此需在滑坡区撒草籽进行植被防护。

六、结论

袁山村三组滑坡导致5户17间房屋被毁（11间砖房、6间土坯房），造成8人遇难和1人受伤，毁田100亩，损毁输电线路400m，供水管道400m，直接经济损失约1000万元，若再次遭遇强降雨极有可能演变为泥石流等次生地质灾害，综合确定项目治理工程等级为Ⅲ级。此滑坡采取的"拦渣坝（应急治理）＋危岩体及孤石清理＋滑坡区堆积体清运＋坡面整形＋挡土墙＋截、排水沟＋消能池＋植被防护"治理工程，不仅达到了地质灾害治理的效果，同时也美化了变形坡体周围的环境，减少了水土流失，采取的施工工艺成熟、技术可行、经济合理，达到了地质灾害治理与环境恢复的双重目的。2021年3月，滑坡治理进入正常工程实施阶段，2021年8月底完成施工。变形监测显示，整个滑坡位移速率明显下降，目前已进入稳定状态，工程效果良好。

第二节　黄梅县大河镇宋冲村滑坡

一、概述

2020年7月8日,黄梅县遭遇特大暴雨,当日0时至6时,县平均降雨量达200mm,大河镇最大达353mm,超历史极值。受特大暴雨影响,凌晨3时,大河镇宋冲村发生滑坡,约12 600m³岩土体堆积于坡脚乡道,造成坡下1户2层砖房被毁、1人遇难、1人重伤,毁田约30亩,损毁输电线路200m、乡村道路130m,造成交通中断。

二、地质环境条件

宋冲村滑坡所在区属构造侵蚀丘陵区,高程为200～500m,切割深度一般为150～300m,局部达400m。滑坡上陡下缓,总体坡度20°～50°,主滑方向320°,顶部滑向340°,底部坡向294°,后缘高程242m,前缘堆积高程130m。滑体长约280m,宽约15m,厚度3m,已滑体积约12 600m³(图6-6)。

图6-6　宋冲村滑坡全貌图

滑坡地层岩性、地质构造、气象水文特征与袁山村三组滑坡相同,相关内容参见本章第一节。

三、滑坡特征

1. 形态及规模特征

根据现场调查,滑坡已滑体积约12 600m³,为小型岩质滑坡。滑坡平面形态呈弧形,剖面形态呈折线形,滑动方式为复合型(先牵引后推移)。斜坡上陡下缓,总体坡度20°～50°。滑坡主滑方向320°,顶部滑向340°,底部坡向294°,后缘高程242m,前缘堆积高程130m。滑体长约280m,宽约15m,厚3m(图6-7)。

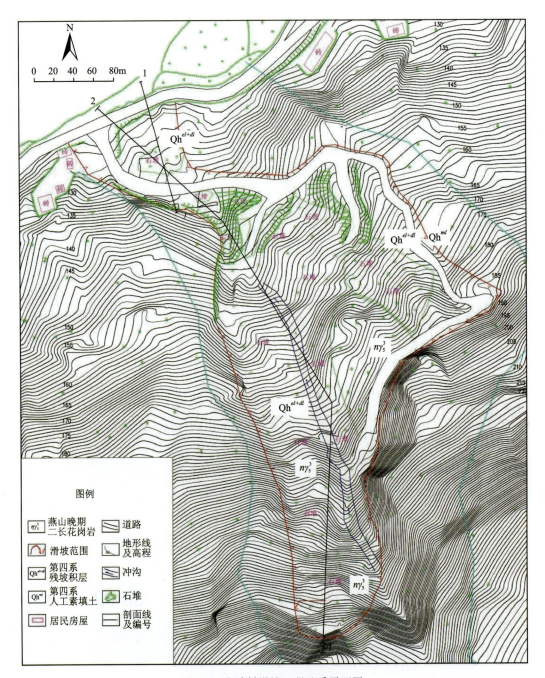

图 6-7 宋冲村滑坡工程地质平面图

滑坡区位于两处分水岭之间,物源主要来源于右侧斜坡,顶部孤石较多,节理裂隙发育产状与滑面产状相似。滑坡后侧因松散物下滑,形成明显的滑坡后壁,后壁岩体出露,节理裂隙发育。滑坡左侧边界为下滑形成的陡坎,右侧边界为较明显的滑动界面,土质较为松软,夹杂大块径岩石,直径最大可达1.5m。滑坡目前已进行大块径岩体破碎,并进行简单分级,暂处于稳定状态,前缘边界因施工较不明显。滑坡滑动后堆积于坡脚前缘公路,堆积区主要为松散残坡积物夹少量大块径岩体。

2. 变形破坏特征

宋冲村滑体导致坡下 1 户 2 层砖房被毁,造成 1 人遇难和 1 人重伤,毁田约 30 亩,损毁输电线路 200m、村道 130m。滑体物质主要为全—强风化花岗质片麻岩,碎石最大块径 5m,最小块径 0.5m,滑面为基岩风化界面和节理裂隙组合面。滑坡启动后沿主方向SW319°连带沟底及两侧残坡积物呈碎屑流形态运移达440m,在沟口形成约12 600m³不规则扇形堆积体。

3. 岩性结构特征

宋冲村滑坡滑体为残坡积层及片麻岩强风化层,滑带为岩体强弱风化接触面,滑床为片麻岩(图6-8)。

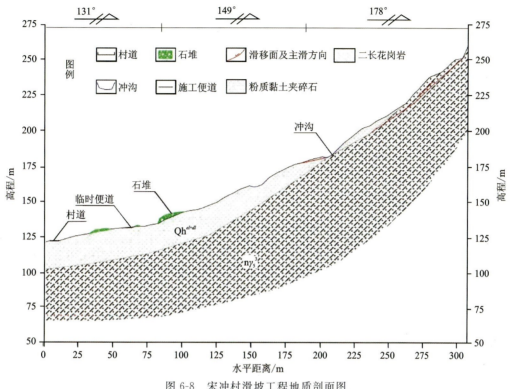

图6-8 宋冲村滑坡工程地质剖面图

滑体:主要为全—强风化花岗片麻岩,碎石最大块径5m,最小块径0.5m。

滑带:结合滑体变化形态特征,确定滑带为花岗岩强弱风化接触面。

滑床:根据滑坡区勘查揭露,综合确定宋冲村滑坡滑床位于滑动区,为中粒花岗,结构完整,裂隙弱发育,厚5～25m,顶部岩体发育多组大型裂隙,岩块块径较大,多为厚片状岩体。

4. 滑动带特征

滑动带为片麻岩强弱风化接触面,厚5～25m。

5. 水文地质条件

此滑坡区域水文地质条件与袁山村三组滑坡相同,参见本章第一节内容。

四、滑坡成因机制分析

因宋冲村滑坡与袁山村三组滑坡均位于黄梅县,地质环境条件相同,故滑坡成因机制相同(相关内容可参见本章第一节)。

五、主要防治对策

1. 整体防治思路

根据滑坡的稳定分析评价,以保护区域内居民的生命财产安全为原则,进行防治工程的方案设计。

由稳定性分析结果可知,在天然工况下,滑坡整体上处于稳定状态,不会发生整体破坏;在暴雨工况下,滑坡可能发生整体上的推移式破坏。总体防治方案为滑坡区堆积体清理+挡土墙+排导槽+截排水沟+监测+植被护坡(图6-9)。

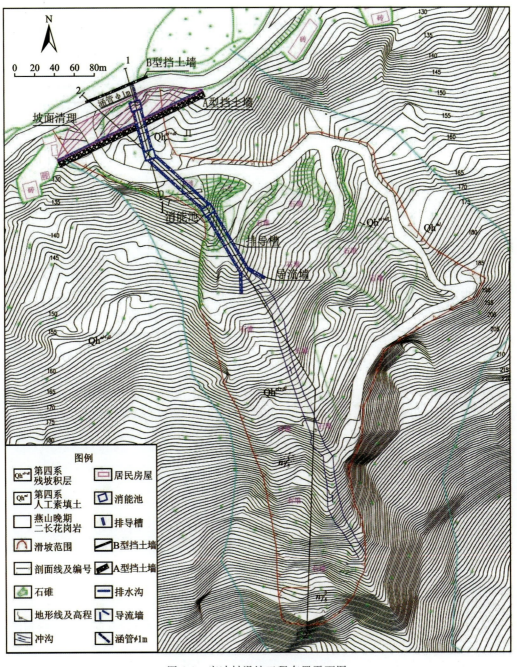

图 6-9　宋冲村滑坡工程布置平面图

2. 分项工程设计

(1) 滑坡区堆积体清理。现状滑坡区仍有 3250m³ 滑体堆积于斜坡上,物质结构组成为碎块石土,结构松散,下伏花岗岩结构相对完整,在降雨作用下极易形成滑坡,需对堆积体进行清理转运,预计清理转运体积 3250m³。本次坡面清理的碎石土及块石应按当地政府所指定的弃渣场所进行堆放,弃渣堆放应自下而上分层填筑并摊平碾压,最大层厚不超过 1m,横坡至少为 6%,堆积高度大于 8m,应设置宽 4m 的边坡平台,弃土场周围应设置截排水设施。

(2) 挡土墙设计。分别于道路内侧和道路外侧设置挡土墙。内侧挡土墙主要为防止堆积体及滑坡区上方土体下滑,记为 A 型挡土墙;道路外侧挡土墙主要为防止道路路堤发生坍塌,记为 B 型挡土墙。

A 型挡土墙:总长 78m,顶宽 1.35m,高 5.5m,面坡坡率 1∶0.3,背坡坡率 1∶1,墙底水平,基础埋深 1.5m,采用浆砌块石砌筑,M7.5 抹面厚度为 20mm,垫层为 20cm 碎石。挡土墙自墙顶到基底每隔 10m 设一道伸缩缝,缝宽 20mm,缝内采用柏油杉板充填。墙体设置 3 排泄水孔,泄水孔直径 50mm,水平间距 2m,第一排泄水孔距地面 1m,第二排泄水孔距地面 2m,第三排泄水孔距地面 3m,采用 ϕ50PVC 排水管,泄水孔倾角 5°,倾向墙外,墙后设置高 3m、厚 0.4mm 反滤层,设置 20cm 碎石垫层。

B 型挡土墙:总长 34m,顶宽 0.25m,高 2.5m,面坡坡率 1∶0.3,背坡坡率 1∶1,墙底水平,基础埋深 0.5m,采用浆砌块石砌筑,M7.5 抹面厚度为 20mm,垫层为 20cm 碎石。挡土墙自墙顶到基底每隔 10m 设一道伸缩缝,缝宽 20mm,缝内采用柏油杉板充填。墙体设置两排泄水孔,泄水孔直径 50mm,水平间距 2m,第一排泄水孔距地面 0.5m,第二排泄水孔距地面 1.5m,采用 ϕ50PVC 排水管,泄水孔倾角 5°,倾向墙外,墙后设置高 1.5m、厚 0.4m 反滤层,设置 20cm 碎石垫层。

(3) 排导槽设计。泥石流流通区段槽底设计纵坡降约 120‰,为铺底槽。铺底槽边墙采用梯形断面,高度以泥石流泥位、弯道超高、安全超高确定。泥石流设计泥深 2m,安全超高按 0.5m 设计,总长 91m,堤高 2.5m,铺底厚 0.3m,基础埋深 1.0m,总高 3.5m,顶宽 0.6m,背侧直立,面侧(临沟侧)坡率 1∶0.2,采用浆砌块石结构,槽底净宽 3m,每隔 10m 设置一道伸缩缝,缝宽为 2cm,缝中设柏油杉板止水,迎水面用沥青填缝。槽底设计纵比降为 120‰。由于地形起伏不定,排导槽坡率可依地形变化,铺底厚 0.3m。铺底槽不进行基础埋深设计,边墙基础埋深按照抗倾覆要求进行设计。

(4) 截排水沟设计。截排水沟截面设计为矩形断面,长 78m,整体宽 1m,高 0.7m。内壁净宽取 0.4m,净高取 0.4m,采用浆砌块石结构,M7.5 砂浆抹面。截水沟布设根据地形随坡就势砌筑(施工时根据现场情况调整,但不能形成倒坡)。该区段设置跌水坎,跌水坎高 0.15m,宽 0.30m,且每间隔 15m 设置一个凸榫,每间隔 10m 及拐点处设置伸缩缝,伸缩缝采用沥青麻絮填塞,缝宽 2cm,迎水面用沥青止水。截水沟布置应充分利用现有地形条件,尽量减少对周边环境条件的扰动破坏,且应充分利用治理区内原有的天然地形,减少开挖工作量,降低工程造价。过公路段排水采用长 10m 的 DN1000-75 凝土排水管,排水管截面及长度满足设计要求,具体详见治理工程平面布置图 6-9。

(5) 植被防护设计。宋冲村滑坡影响范围较大,植被破坏较为严重,在降雨条件下坡体松散物极有可能会下滑形成泥石流,因此需在滑坡区撒草籽进行植被防护。

宋冲村滑坡治理后全貌如图 6-10 所示。

六、结论

大河镇宋冲村滑坡约 12 600m³ 岩土体堆积于坡脚乡道,造成坡下 1 户 2 层砖房被毁,1 人遇难和 1 人重伤,毁田约 30 亩,损毁输电线路 200m、乡村道路 130m,造成交通中断,若再次遭遇强降雨极有可

图 6-10　宋冲村滑坡治理后全貌图

能演变为泥石流等次生地质灾害,综合确定项目治理工程等级为Ⅲ级。滑坡治理采取"滑坡区堆积体清理＋挡土墙＋排导槽＋截排水沟＋植被防护"治理方案。此滑坡采取有效的治理措施,不仅达到了地质灾害治理的效果,同时也美化了变形坡体周围的环境,减少了水土流失,采取的施工工艺成熟、技术可行、经济合理,达到了地质灾害治理与环境恢复的双重目的。2021 年 6 月,滑坡治理进入正常工程实施阶段,2021 年 8 月底完成施工。变形监测资料显示,整个滑坡位移速率明显下降,目前已处于稳定状态,工程效果良好。

第三节　蕲春县大同镇两河口村八组滑坡

一、概述

2016 年 7 月 4 日上午 9 时 45 分,在持续强降雨后,蕲春县大同镇两河口村八组发生滑坡灾情,滑体掩埋前缘两栋 3 层砖混楼房、一栋平房,造成 2 人死亡,堆积体堵塞蕲河,致使蕲太省际公路(S205)损毁约 190m,滑体上两座高压电线塔倒塌损坏,造成直接经济损失约 300 万元。滑坡堆积体堵塞蕲河,间接威胁两岸居民 1211 人的生命财产安全。

二、地质环境条件

1. 地形地貌

滑坡区属中低山丘陵区,地面高程 80～450m,相对高差约 370m。区内山顶多呈微凸状,冲沟较为发育。滑坡形态上呈长条形,后缘高程 220m,前缘蕲河处高程 77m。滑坡堆积区地势平坦开阔,滑坡坡向 300°,片麻岩倾向 140°。

滑坡整体位于北东走向山体西侧的坡体中下部,地形坡度 25°～40°,滑坡所在坡体上陡下缓,坡体植被发育,多发育松树等乔木林。滑坡区汇水面积 $1.2 \times 10^5 m^2$(图 6-11)。

第六章　鄂东北堆积层滑坡典型案例

图 6-11　两河口村八组滑坡卫星影像图

2. 地层岩性

滑坡区出露的地层主要由第四系滑坡堆积体（Qh^{del}）和元古宙花岗质片麻岩（Pt_1gn^2）组成，岩性特征如下。

第四系滑坡堆积层（Qh^{del}）：土黄色粉质黏土夹碎石，呈可塑—硬塑状，结构松散，堆积层自上而下粒径依次变小，碎石含量依次降低，滑坡顶部土石比 7∶3，底部土石比 8∶2，碎石成分主要为元古宙花岗质片麻岩（Pt_1gn^2），碎石块径 2～5cm，呈棱角—次棱角状，堆积层厚 2～10m，分布于滑坡整个区域。

元古宙花岗质片麻岩（Pt_1gn^2）：分布于第四系覆盖层之下，局部地段出露。由黄褐色花岗质片麻岩组成，滑坡区产状为 140°∠40°，片状构造。在前缘测得 3 组产状分别为 320°∠75°、240°∠55°、305°∠70°，线密度约为 3 条/m；在后缘测得 4 组产状分别为 3°∠28°、256°∠88°、302°∠52°、175°∠89°，线密度约为 4 条/m。岩体性脆，遇水软弱，呈全—强风化状态，风化层厚度 3～5m，滑体右侧及后壁区域可见。

3. 地质构造

区域均未见有明显的断层构造，构造作用对滑坡的发生影响较小。

4. 气象水文

蕲春县位于湖北省东部，属亚热带大陆季风气候，四季分明，具有冬季寒冷、夏季炎热、春秋两季气温变化大的特征。多年平均气温 16.8℃，极端最低气温为 −15.6℃，极端最高气温 39.7℃，年均无霜期 258d。气温季节变化明显，每年 1 月是全年气温最低时期，每年 7 月是全年最热时期。近 10 年年平均降水量为 1 360.7mm，最大降水量为 1 483.5mm，降水多集中在每年的 5—8 月。全年主导风向为东南，按季节分,冬半年多东北风和西北风,夏半年多东南风和西南风,年均风速为1.9m/s。

三、滑坡特征

1. 形态及规模特征

滑坡区平面呈舌形,滑体物质为第四系残坡积层,滑面呈弧线状,后缘整体下错约30m,滑坡壁坡度约40°,前缘蕲河近西东流向,两侧岸坡坡度20°～50°。整个滑体长520m,宽约80m,体积约$3.3 \times 10^5 m^3$,为牵引式中型土质滑坡,分为滑动区和堆积区。

滑动区:平面呈舌形,滑体物质为第四系残坡积层碎块石土,滑面呈弧线状。滑体顺坡向整体下错,滑体后缘整体下错30m,滑坡壁坡度约40°。滑体后缘高程220m,现场调查推测滑坡前缘剪出口位于斜坡体中部,高程约148m,相对高差约70m,剖面形态上陡下缓,总体坡度约25°,主滑方向270°。滑动区长约220m,宽约100m,滑体平均厚度5.2m,体积$1.14 \times 10^5 m^3$。

堆积区:该区与滑动区以滑坡前缘剪出口为界,物质来源主要为滑坡堆积体及后缘滑壁崩落形成的碎块石土,结构松散。受地形条件约束,平面形态呈长条形,总体坡度约14°,长约300m,宽约80m,面积约24 000m^2,堆积体平均厚度约9m,体积约$2.16 \times 10^5 m^3$(图6-12)。

图6-12 两河口村八组滑坡全貌图

第六章 鄂东北堆积层滑坡典型案例

2. 变形破坏特征

受 6 月 19 日、7 月 1 日两轮强降雨影响,滑体于 2016 年 7 月 4 日上午 9 时发生滑动,滑坡后缘及右侧可见明显的下错面,滑壁清晰,强风化片麻岩出露,后缘下错约 30m,形成掉坎;滑坡右后部下错 10~30m,滑壁清晰,滑动方向约 270°。滑坡滑动速度较快,受左侧山脊地形钳制受阻转向,方向转为 300°,于高程 148m 处剪出。斜坡右侧滑壁强风化片麻岩崩落至滑体上,饱水的滑坡堆积体在自重作用下以坡面泥石流形式沿坡体下滑,堆积体直接掩埋前缘两栋 3 层砖混楼房以及一栋平房,造成 2 人死亡,毁坏水泥道路 100m 和小桥一座。堆积体堵塞蕲河,河水直接冲刷右岸公路路基,致使蕲太省际公路 S205 损坏约 190m,滑体上两座高压电线塔损坏。滑坡的发生导致原始坡体植被破坏,现状与两侧山体茂密植被形成鲜明对比,易形成水土流失,破坏整体自然景观。

3. 岩性结构特征

滑体:第四系残坡积物粉质黏土夹碎石,土黄色,土石比 8∶2。土体结构较松散,含水率大,抗压强度低,碎石粒径以 5~20cm 为主,成分主要为元古宙花岗质片麻岩,呈棱角—次棱角状。根据现场勘查,滑坡后缘滑体厚度 3m,前缘厚度 16m,平均厚度约 8m。

滑带:岩土体接触面,根据工程勘查结果,滑带不明显,综合岩层倾向、滑体变化形态特征,确定滑带为第四系残坡积层与强风化片麻岩接触面。

滑床:通过滑坡区勘查,综合确定滑床位于滑动区,为强风化花岗质片麻岩,片麻状构造,中粗粒变晶结构,褐黄色、浅肉红色,片麻岩产状 140°∠40°,厚度 5~25m,裂隙发育,岩体物理力学性质一般(图 6-13)。

4. 滑动带特征

滑动带位于第四系残坡积层与强风化片麻岩接触面。

5. 水文地质条件

区域水文地质条件较为简单,地表水主要为大气降水,汇水面积约 $1.2 \times 10^5 m^2$。地下水类型可分为两类,一类为第四系松散岩类孔隙水,另一类为变质岩基岩裂隙水。

(1)第四系松散岩类孔隙水。主要赋存于第四系残坡积物中,主要接受大气降水补给,以上层滞水为主,赋存于包气带中,含水量少。

(2)基岩裂隙水。主要分布于片麻岩基岩裂隙之中,接受大气降水和上覆第四系孔隙水的补给,顺基岩裂隙面呈线状或面状运移,由于基岩中裂隙较发育,排泄较通畅。

四、滑坡成因机制分析

影响滑坡稳定性的因素可分为内在因素和外部因素。内在因素主要包括滑坡的岩土工程性质、地形地貌以及滑体植被覆盖程度等;外部因素主要有大气降雨以及人类工程活动等。

1. 地形地貌

蕲春县大同镇两河口村八组滑坡区属中低山丘陵区,冲沟较为发育。滑坡位于走向东北向山坡西侧坡体上,该处坡体总体呈上陡下缓,滑体两侧均有冲沟发育,滑坡处坡体地势相对两侧略低,遇强降雨天气,短时间内易形成大量地表径流汇集于斜坡体,并向坡体内部渗流。区域汇水面积约 $1.2 \times 10^5 m^2$。

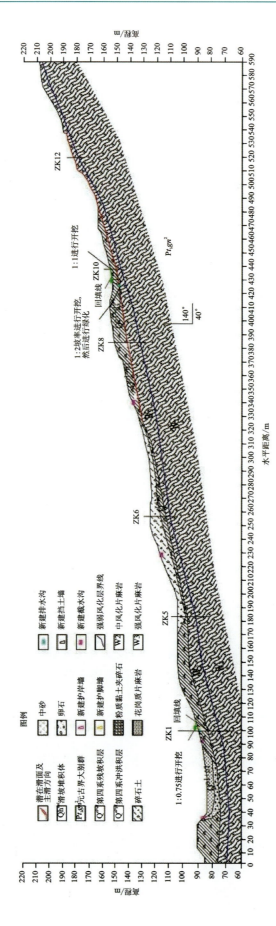

图6-13 两河口村八组滑坡工程布设剖面图

2. 地层岩性

上覆第四系残坡积物主要为粉质黏土夹碎石,土层平均厚度在 5～10m 之间,夹少量耕植土,土体结构松散,孔隙度高,透水性好,易饱水,下伏花岗质片麻岩呈全—强风化,节理裂隙发育,风化差异性较大,部分岩体较破碎,手捏易碎,相对上层第四系残坡积层透水性较差,起隔水作用,雨水易在此处汇集。

3. 大气降水

滑坡地处亚热带季风性暖湿气候区,雨量充沛,降水主要集中在 5—8 月份的汛期,梅雨或暴雨较多见,降水量占全年总量的 50% 以上。

受超强厄尔尼诺现象影响,自 6 月 18 日起蕲春县范围普降暴雨,尤其是蕲春东北部降雨量最大,据蕲春气象部门统计,大同镇滑坡区域内在 6 月 19 日至 7 月 13 日降雨量达到 914.4mm,尤其是 6 月 19 日 1h 内降雨量高达 180mm。降雨连续集中,雨水入渗使滑体内地下水水位迅速升高,致使坡体内孔隙水压力随之升高,滑坡土体由于饱水重度增加,坡体荷载增加,同时,雨水入渗至岩层接触面减弱岩土体摩擦阻力及抗剪力,不利于坡体的稳定。

4. 人类工程活动

滑坡区域人类工程活动一般,主要表现为坡脚局部农村道路切坡、建房切坡等,形成小于 3m 陡坎,对原始坡体形态的改变程度小,其他人类工程活动如山体植被破坏对滑坡局部稳定性也产生了不利影响,但总体上影响较小。

五、主要防治对策

1. 整体防治思路

根据滑坡的稳定分析评价,以保护区域内居民的生命财产安全为原则,进行防治工程的方案设计。

由稳定性分析结果可知,在天然工况下,滑坡整体上处于稳定状态,不会发生整体破坏;在暴雨工况下,滑坡可能发生整体上的推移式破坏。总体防治方案为坡面整形+挡土墙工程+截排水工程+生态绿化(图 6-14)。

二、分项工程设计

(1)坡面整形。滑动区右侧滑坡壁高陡,堆积区前缘坡脚堆积体较厚,且部分堆积体堆积于河道内影响河道流通,为满足后期挡墙施工场地需要及消除河道淤积对斜坡滑坡区需对坡面进行整形。坡面整形自上而下依次施工。

滑坡右侧滑壁:滑坡体发生整体滑动,在右侧形成高 10～30m、坡度 60°～90°的高陡临空面,强风化岩体出露。调查期间临空面出现垮塌,崩落体发生整体崩落,堆积于坡脚,演变成坡面泥石流。拟对该区域进行削方整形,在标高 163m 处修建马道,马道宽 3m,之后以 1∶0.75 坡率削坡至自然坡形,削方体积 5675m³。

滑坡后缘掉坎:滑坡后缘下错形成高差近 11m,坡度 60°～75°高陡边坡,部分区域强风化岩体出露。调查期间临空面出现垮塌,发生整体崩落,崩落体堆积于坡脚,演变成坡面泥石流。拟对该区域进行削方整形,沿标高+209m 处按坡率 1∶1 进行削坡,每 7m 布设一条马道,马道宽 3m,削方体积 1229m³。

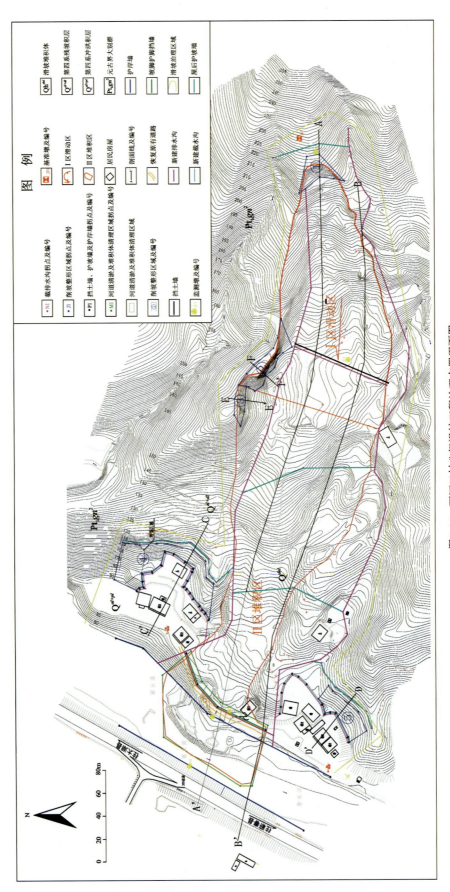

图6-14 两河口村八组滑坡工程治理布置平面图

居民建房屋后切坡处:滑坡两侧区域居民切坡建房形成了高陡边坡,在7月降雨后出现局部垮塌,为消除地质灾害隐患,拟对高陡边坡进行削方整形,削方整形段位于居民屋后。按1∶0.75坡率进行削坡,每高差7m布设一条马道,马道宽3m。两侧削坡整形体积合计4205m³。

河道及坡脚堆积区:为保证河道畅通并恢复坡脚原有村级公路,拟对该区域滑坡堆积物质进行清除,河道清淤左侧以滑坡堆积的边界为界,右侧以挡墙底端向东以1∶0.75削坡至坡顶为界,河道清淤直至与原来河底相平为准,岸上护坡挡墙左侧清淤以回复原来地貌为止,体积约25 874m³。

(2)挡土墙工程。挡土墙工程是两河口村八组滑坡治理的主体工程,按照设计荷载及现场实际情况,共分为6段挡土墙、4种墙型(包含重力式抗滑挡土墙及河道护岸墙)、4种尺寸。

滑动区重力式抗滑挡土墙:布置于滑动区前缘高程155m滑体厚度较薄处,基础置于强风化基岩。采用C25混凝土浇筑,墙总长89.5m,墙身高6m,其中基础埋深1.0m,地面以上5m,墙顶宽2.0m,墙底宽3.8m,面坡倾斜坡率1∶0.3;沿墙长每隔10m设置一道伸缩缝,缝宽2cm,用沥青木板隔开;沿墙长设置100mm直径排水孔,孔间距1.5m×1.5m,呈梅花状布置,最下方一排排水孔高出地面20cm,泄水孔后设置反滤层,反滤层采用砂卵砾石填充,上下部均用黏土封填;墙后回填块碎石土。由于布设挡土墙位置滑坡粉质黏土夹碎块石厚度大,为方便挡墙基槽开挖及防范开挖引发的坑壁垮塌,在建挡土墙处开挖坡体前后缘采用1∶1坡率进行放坡。挡墙背部进行回填绿化,按照当地植物生长习性种植灌木、藤类植物,灌木以刺槐为主,辅以女贞、柏树、红叶石楠等树种相间种植,间距0.3m,刺槐胸径不小于2cm,苗株高不低于150cm,顶芽饱满,无病虫危害和机械损伤。藤类植物选用五叶地锦、紫藤、爬山虎、凌霄等,相间种植,间距0.3m。藤类植物要求多年生长,长度不小于3m,冠丛不小于20cm。

坡脚护脚挡土墙:布设于坡脚公路内侧,基础置于基岩。挡土墙采用C25混凝土浇筑,墙总长91m,墙身高3m,其中基础埋深1.0m,地面以上2m,墙顶宽1m,墙底宽1.9m,面坡倾斜坡率1∶0.3;沿墙长每隔10m设置一道伸缩缝,缝宽2cm,用沥青木板隔开;沿墙长设置100mm直径排水孔,孔间距1.5m×1.5m,呈梅花状布置,最下方一排排水孔高出地面20cm,泄水孔后设置反滤层,反滤层采用砂卵砾石填充,上下部均用黏土封填;墙后回填块碎石土。护坡墙背部进行回填绿化,按照当地植物生长习性种植灌木、藤类植物,灌木以刺槐为主,辅以女贞、柏树、红叶石楠等树种相间种植,间距0.3m,刺槐胸径不小于2cm,苗株高不低于150cm,顶芽饱满,无病虫危害和机械损伤。藤类植物选用五叶地锦、紫藤、爬山虎、凌霄等,相间种植,间距0.3m。藤类植物要求多年生长,长度不小于3m,冠丛不小于20cm。

河道护岸墙:布设于坡脚滑坡前缘蕲河河道两侧,基础置于基岩。挡土墙采用C25混凝土浇筑,护岸墙分两段,近滑坡段墙总长232m,墙身高2m,其中基础埋深1.0m,地面以上1m,墙顶宽0.5m,墙底宽1.1m,面坡倾斜坡率1∶0.3。公路段护岸墙:总长191m,墙身高3m,其中基础埋深1.0m,地面以上2m,墙顶宽1.0m,墙底宽1.9m,面坡倾斜坡率1∶0.3。

不稳定斜坡前缘护脚墙:布设于滑坡两侧不稳定斜坡前缘,采用C25混凝土浇筑,南侧不稳定斜坡前缘长约123m,北侧不稳定斜坡前缘长约135m,墙总长258m,墙身高3m,其中基础埋深1.0m,地面以上2m,墙顶宽0.5m,墙底宽1.4m,面坡倾斜坡率1∶0.3;沿墙长每隔10m设置一道伸缩缝,缝宽2cm,用沥青木板隔开;沿墙长设置100mm直径排水孔,孔间距1.5m×1.5m,呈梅花状布置,最下方一排排水孔高出地面20cm,泄水孔后设置反滤层,反滤层采用砂卵砾石填充,反滤层上下部均用黏土封填;墙后回填块碎石土。护坡墙背部进行回填绿化,按照当地植物生长习性种植灌木、藤类植物,灌木以刺槐为主,辅以女贞、柏树、红叶石楠等树种相间种植,间距0.3m,刺槐胸径不小于2cm,苗株高不低于150cm,顶芽饱满,无病虫危害和机械损伤。藤类植物选用五叶地锦、紫藤、爬山虎、凌霄等,相间种植,间距0.3m。藤类植物要求多年生长,长度不小于3m,冠丛不小于20cm。

(3)截排水工程。截面设计为矩形断面,整体宽1.2m,高0.9m。内壁净宽取0.6m,净高取0.6m,壁厚约0.3m。截水沟长253m,截面设计为梯形,整体宽1.25m,高0.9m,底宽0.4m,净高0.6m,上口宽1.0m,迎水面设置一排泄水孔,孔径为50mm孔间距1.5m,每隔15m设置一道伸缩缝,缝宽2cm。位于滑动区和堆积区的排水沟N41—N49、N32—N33两段,位于滑动区和堆积区的截水沟N26—N28、N29—N31、N34—N36三段采用钢筋混凝土结构,配筋采用7条主筋加1条U形钢筋,主筋全线贯通,横向钢筋间距为1m,主筋与横向钢筋之间采取铁丝绑扎的方式进行连接。排水沟全长558m,截水沟全长297m。

(4)生态绿化。滑坡滑动破坏了原有的植被茂密、景色怡人的自然景观,与周围自然景观极不协调,于堆积体区种植蕲艾,面积约36亩(1亩≈666.7m^2),在滑动区种植十里松,面积约33亩。十里松栽植株行距2.0m,栽植时先沿行距划好行定位线,然后再沿行定位线按株距确定株定位点。填土时,先用表土埋苗根,当填土到2/3左右时,将苗木向上略提,再踩实,填涂土至穴满,再踩,最后在植穴表面覆盖一层厚约5cm的松土,以防止土表开裂和水分散失(即"三埋两踩一提苗"栽植技术)。

两河口村八组滑坡治理后全貌见图6-15。

图6-15 两河口村八组滑坡治理后全貌图

六、结 论

2016年7月4日上午9时45分,在持续强降雨后,蕲春县大同镇两河口村八组发生滑坡灾情,滑体掩埋前缘两栋3层砖混楼房、一栋平房,造成2人死亡,堆积体堵塞蕲河,损毁蕲太省际公路(S205)约190m,损坏滑体上两座高压电线塔,滑坡造成直接经济损失约300万元。滑坡堆积体堵塞蕲河,间接威胁两岸居民1211人的生命财产安全,有重大安全隐患。根据地质环境条件、基本特征、变形特征、危害特征和形成机制对灾害体进行稳定性分析和评价可知,暴雨、连续强降雨是滑坡变形主要的诱发因素,确定治理方案为坡面整形+挡土墙工程+截排水工程+生态绿化。2016年10月,滑坡治理进入正常工程实施阶段,2017年5月底完成施工。变形监测资料显示,整个滑坡位移速率明显下降,目前已处于稳定状态,工程效果良好。

第四节　英山县温泉镇百涧河滑坡

一、概述

英山县温泉镇百涧河滑坡于2020年7月6日发生滑动,冲毁前缘30亩茶园,直接经济损失约30万元。滑坡前缘高程约197m,后缘高程约282m,相对高差约85m。滑坡高位垮塌下滑后直冲前部河道,堵塞了坡脚的溪流,在水流的持续冲刷影响下,存在形成泥石流的风险,对附近25户96人的生命财产安全造成极大的威胁。

二、地质环境条件

1. 地形地貌

百涧河滑坡位于英山县城区东南侧,东南高、西北低,前缓后陡,坡度15°～40°。滑坡左右两侧均为小型山脊,右侧存在一条天然冲沟,坡脚为茶园,中上部为灌木林(图6-16)。

图6-16　百涧河滑坡全貌图

2. 地层岩性

滑坡区出露的地层为第四系残坡积(Qh^{d+dl})及大别岩群片麻岩($ArD.pg$)。地表层第四系残坡积物(Qh^{d+dl})由土黄色砂土夹碎石组成,呈可塑—硬塑状,结构松散土石比8:2～7:3,碎石块径一般在2～5cm之间,呈棱角—次棱角状,残坡积层厚2～4m。基岩为大别岩群片麻岩岩组($ArD.pg$)片麻岩,青灰色、灰褐色,中粗粒变晶结构,片麻状构造,节理裂隙发育。地表出露岩体多强风化,性脆,岩质较弱,风化程度不一,局部地段风化程度差异性较大,片理面产状为273°∠44°。

3. 地质构造

区域均未见有明显的断层构造,构造作用对滑坡的发生影响较小。滑坡区受地质构造影响,形成两组优势节理面:L1,145°∠33°;L2,74°∠65°。

4. 气象水文

温泉镇位于英山县东北侧,属长江中下游北亚热带温润季风性气候,雨量充沛,四季分明。年平均气温16.4℃,1月平均气温3.6℃,7月平均气温28.5℃。年降水量在916.7～2 128.1mm之间,年平均降水量为1 462.0mm。降水量逐月分布呈单峰形,主要集中在5—8月,在季节分布上,以夏季最多,春秋次之,冬季最少,春夏季雨水多。

三、滑坡特征

1. 形态及规模特征

滑坡坡向约242°,平面形态呈长舌形,剖面形态呈直线形,前缘高程约197m,后缘高程约282m,相对高差约85m。滑坡长约221m,宽约115m,面积约25 415m², 平均厚度约6m, 体积约152 490m³,为中型土质滑坡(图6-17、图6-18)。

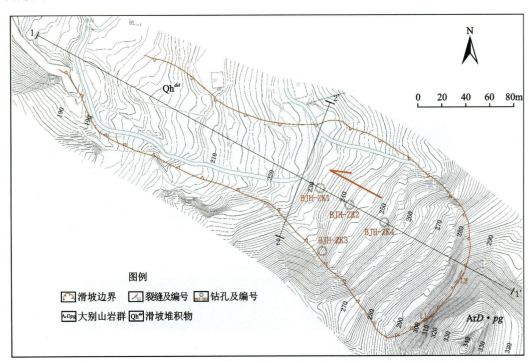

图6-17 百涧河滑坡工程地质平面图

2. 变形破坏特征

滑坡后缘在坡体中上部,距斜坡后缘一级分水岭高差约40m。滑坡滑动导致后缘形成裂缝,走向约55°,宽0.8～3cm,深0.4～1.3m。滑体下滑将坡表的灌木及茶园冲毁,并堵塞了坡脚的溪流。

3. 岩性结构特征

钻孔资料显示,百涧河滑坡滑体为残坡积层及片麻岩强风化层,滑带为岩体强弱风化接触面,滑床为片麻岩。

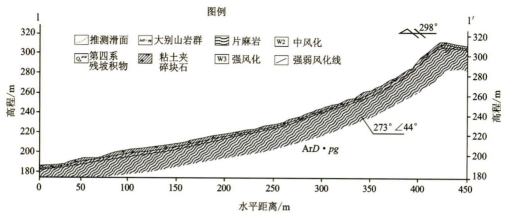

图 6-18 百涧河滑坡工程地质剖面图

滑体：由残坡积层土黄色砂土夹碎石、大别山岩群强风化片麻岩组成，呈可塑—硬塑状，结构松散，土石比 8∶2～7∶3，碎石块径一般在 2～5cm 之间，棱角—次棱角状，厚 2～4m；强风化层呈青灰色、灰褐色，片麻状构造，节理裂隙发育。

滑带：为大别山岩群片麻岩强弱风化接触面，产状为 298°∠11°～23°。

滑床：为大别山岩群中风化片麻岩，青灰色、灰褐色，中粗粒变晶结构，片麻状构造，岩芯多呈柱状，节长一般 8～17cm。

4. 滑动带特征

钻探资料显示滑动带为大别山岩群片麻岩岩组（ArD.pg）片麻岩强弱风化接触面，平均厚度约 6.0m。

5. 水文地质条件

区域水文地质条件较为简单，地表水主要为大气降水，汇水面积约 $3.0 \times 10^4 m^2$；地下水类型可分为两类，一类为第四系松散岩类孔隙水，另一类为变质岩基岩裂隙水。

(1) 第四系松散岩类孔隙水。主要赋存于第四系残坡积物中，接受大气降水补给，以上层滞水为主，赋存于包气带中，含水量少。

(2) 基岩裂隙水。主要分布于片麻岩基岩裂隙之中，接受大气降水和上覆第四系孔隙水的补给，顺基岩裂隙面呈线状或面状运移，由于基岩中裂隙较发育，排泄较通畅。

四、滑坡成因机制分析

形成百涧河滑坡的因素可分为内在因素和外部因素。内在因素与其地质环境条件及自身特点有关，主要包括地形地貌、坡体结构及物质组成等；外部因素主要为大气降水。

1. 地形地貌

百涧河滑坡一带属构造侵蚀丘陵区，区内地形较复杂，自然坡在 30°左右，陡坡分布较密、较广是该地段发生滑坡灾害的重要原因。

2. 地层岩性

区内基岩主要岩性为强风化片麻岩，岩体表层风化强烈，呈破碎块状，坡面植被发育，饱水后自重加大，易发生变形垮塌。

3. 大气降水

该区除部分降雨沿坡面产生径流之外，大部分雨水渗入土体，增加了土体的自重，同时软化土体，降低了土体的抗剪强度，增大了下滑力，且形成的静、动水压力对坡体产生侧向推力，对斜坡稳定性不利。雨水入渗至相对隔水层后在该处汇集，孔隙水压力增加，降低了有效应力，致使摩阻力降低。

4. 人类工程活动

该区人类工程活动表现为耕种及蓄水池修建，坡体前缘存在开发农田的现象，形成高 1~2m 的陡坎，改变了原始地形地貌，导致前缘出现临空面。斜坡区内耕种破坏原有植被，对坡体的稳定性产生不利影响，易使斜坡局部地段发生变形破坏。滑坡发生前，坡体中部修建有蓄水池，蓄水池渗水对坡体稳定带来不利影响。

五、主要防治对策

1. 整体防治思路

该滑坡前缓后陡，局部已超出安全坡度，因此需对滑坡进行削坡减载，控制各级坡面的坡度。顶部坡面坡度达 55°，坡表风化层较厚，因此需在坡面设置格构护坡。同时，降雨为滑坡诱发的主要因素，且汇水面积较大，因此需在滑坡两侧及各级马道设置截排水沟将地表水进行引流，还需在滑坡前缘剪出口位置设置挡土墙。此外，为恢复下方农田，在滑坡区前部随坡就势设置梯田，梯田前部设置挡土墙进行防护（图 6-19）。

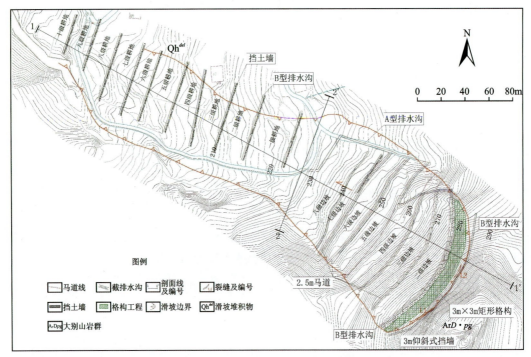

图 6-19 百涧河滑坡工程布置平面图

2. 分项工程设计

（1）削坡减载。对滑坡自上而下按八级边坡进行削坡，其中顶部的一级坡面削坡坡率为 1∶0.83，二级、三级、四级坡面削坡坡率为 1∶1.51，五级、六级、七级、八级坡面削坡坡率为 1∶2.21；每级削坡平台设置 2.5m 的马道，从顶部到底部的马道高程分别为 281.6m、271.5m、261.5m、251.5m、244.7m、236.8m、231.1m、224.4m，各级马道按 5% 的坡率设置反坡。在坡脚以下对坡体进行农田复耕，根据地势设置 10 级梯田。

（2）截排水工程。降雨是导致斜坡变形及破坏的重要因素，因此地表排水工程是改善滑坡环境的有效措施。设计截排水沟可以减少坡体地表水入渗量，减小土体自重，提高坡体的抗滑力，从而提高坡体的稳定性。该滑坡的汇水面积约 $3.0×10^4 m^2$，根据计算结果，结合滑坡区地形地貌及降雨条件，同时参考本区域相关设计经验与施工便利，排水沟（A 型）采用人工开挖，过水断面为 1.0m×1.0m，衬砌厚 0.3m，采用 C20 素混凝土砌筑，从斜坡后缘一级分水岭开始修筑，将汇水排至前部河流中。在滑坡中下部将靠坡侧衬砌加高，起到护坡作用，加高的高度不大于 1.0m。A 型截排水沟长度为 438.0m。在一级至七级马道内侧、每级梯田后部修建 B 型排水沟，过水断面为 0.5m×0.5m，衬砌厚 0.3m，采用 C20 素混凝土砌筑。排水沟前马道应设置 5% 的反坡将降水排入排水沟中，并保证马道的平整度，防止马道表面积水。排水沟每隔 15m 左右设置一道伸缩缝，缝宽 20mm，缝内回填沥青麻筋，沟纵比降大于 8°的沟段依地形增设糙齿坎消能。在排水沟两侧过水面 0.2m 以上设置 $\phi 50mm$ PVC 管，倾向沟内，倾斜角 5°。

（3）格构锚固工程。在一级坡面设置 3m×3m 的格构护坡（$2210m^2$），格梁尺寸为 0.3m×0.4m（宽×高），采用 C30 混凝土砌筑，格梁施工时先进行刻槽，刻槽深度为 0.2m。在格构交点设置锚杆，采用 M30 全黏结砂浆锚杆，长 9m，直径 25mm，开孔直径 76mm。在格构梁交点左右各 40cm 范围内箍筋加密布置，间距为 100mm，纵横梁分别为 9 肢箍筋，其余部位间距为 200mm。锚杆杆体每 3m 设置居中支架一组。格构护坡锚杆的排数为 6 排，入射口位置高程分别为 283.9m、286.1m、288.3m、290.5m、292.7m、294.9m，锚杆长度均为 9m，入射角为 30°。在格构护坡坡脚设置 A 型挡土墙，采用 C30 混凝土浇筑，挡墙顶宽 0.5m，墙高 1.5m。挡墙基础埋深 0.5m，面坡率 1∶0.3。挡土墙基槽应采用分段跳挖，基础持力层为中密的碎块石土，承载力不小于 250kPa，墙体设排水孔，采用 $\phi 50mm$ PVC 管，外倾 5%，距地面 0.2m，水平间距 1.0m。每 15m 设置一道沉降缝，缝宽 20~30mm，填塞沥青麻筋或沥青木板。

（4）挡土墙工程。在第六级边坡坡脚处（剪出口）及滑坡右侧坡脚修建 B 型挡土墙。B 型挡土墙采用毛石混凝土浇筑，挡墙顶宽 1.6m，底宽 2.7m，墙高 3.5m，基础埋深 1.5m。墙基槽采用分段跳挖，基础持力层为中密的碎块石土，承载力不小于 250kPa，若遇软土，需进行碎石土换填处理，换填深度根据试验确定。墙背设反滤层，墙体设两排排水孔，分别距地面 0.3m、1.0m，采用 $\phi 50mm$ PVC 管，外倾 5%。挡墙每 15m 设置一道沉降缝，缝宽 20~30mm，填塞沥青麻筋或沥青木板。施工前做好排水工作，保护基坑干燥，墙身完成后，必须及时回填夯实，墙后填土采用透水性好的碎石土。在每级梯田的后部修建 C 型挡土墙，采用毛石混凝土浇筑。毛石应选用坚实、未风化、无裂缝、洁净的石料，强度不低于 M30，中部最小厚度不小于 200mm，掺加毛石数量为挡墙体积 25%。挡墙顶宽 0.5m，底宽 1.4m，墙高 2.8m，基础埋深 0.8m，墙背设反滤层，墙体设两排排水孔，分别距地面 0.3m、1.0m，水平间距 1.0m，采用 $\phi 50mm$ PVC 管，外倾 5%。挡墙每 15m 设置一沉降缝，缝宽 20~30mm，填塞沥青麻筋或沥青木板。施工前做好排水工作，保护基坑干燥，墙身完成后，必须及时回填夯实，墙后填土采用透水性好的碎石土。平整被滑坡堆积体冲毁的农田，设置 10 级梯田，每级梯田内倾 5°，并在梯田前部修建 C 型挡土墙，墙前设置 B 型截排水沟。墙前汇水在截排水沟汇集后，通过地下埋入 $\phi 200mm$ 波纹管排至主沟。

（5）绿化工程。在一级至八级坡面进行绿化，植物选择适宜当地生长的油茶，起到绿化作用，提高经济效益。油茶间距为 1.0m×1.0m，株苗高度 20cm。

六、结论

百洞河滑坡为中型土质滑坡,体积 152 490m³,于 2020 年 7 月 6 日发生滑动,冲毁前缘茶园约 30 亩及林地,有重大安全隐患。根据地质环境条件、基本特征、变形特征、危害特征和形成机制对滑坡体进行稳定性分析和评价可知,暴雨、连续强降雨是滑坡变形主要的诱发因素,确定的治理方案为削坡工程＋排水工程＋挡土墙＋格构护坡＋农田复耕＋绿化。2021 年 10 月,滑坡治理进入正常工程实施阶段,2022 年 5 月底完成施工。变形监测资料显示,整个滑坡位移速率明显下降,目前已处于稳定状态,工程效果良好(图 6-20)。

图 6-20 百洞河滑坡治理后全貌图

第五节 英山县温泉镇黑石头滑坡

一、概述

英山县温泉镇黑石头滑坡于 2020 年 7 月 3 日发生滑动,冲毁前缘 30 亩茶园,造成直接经济损失约 10 万元。滑坡前缘沟谷处高程 296.2m,后缘山顶处高程 424.2m,相对高差 128m。滑体高位垮塌下滑后直冲前部河道,堵塞了坡脚的溪流,在水流持续冲刷的影响下,存在形成泥石流的风险,对下方住户(4 户 15 人)造成了重大威胁,且监测数据显示滑坡局部仍在变形。

二、地质环境条件

1. 地形地貌

黑石头滑坡位于英山县城区南侧,滑坡南高北低,左右两侧为小型山脊,坡脚存在一条宽约 6m 的溪流，位于周边相对低洼处，降雨后周边山体坡表雨水多汇集于该溪流内，总体流向为西南向至北东向，水流较小，对该滑坡影响较小。滑坡发生前，坡脚处为农田，中上部为灌木林（图6-21）。

图6-21 黑石头滑坡全貌图

2. 地层岩性

滑坡区出露的地层为第四系残坡积（Q^{d+dl}）及侏罗系黄柏山单元（JH）片麻岩。地表层为第四系残坡积（Q^{d+dl}）：土黄色砂土夹碎石组成，呈可塑—硬塑状，结构松散土石比8∶2～7∶3，碎石块径一般在2～5cm之间，棱角—次棱角状，残坡积层厚2～4m。基岩为大别山岩群片麻岩岩组（$ArD.pg$）片麻岩，呈青灰色、灰褐色，中粗粒变晶结构，片麻状构造，节理裂隙发育。地表出露基岩为侏罗系黄柏山单元（JH）片麻岩，表层褐灰色，中粗粒变晶结构，片麻状构造，节理裂隙发育，风化强烈，岩芯多呈碎块状。中风化基岩呈青灰色、褐灰色，中粗粒变晶结构，片麻状构造，节理裂隙发育，岩芯多呈3～10cm短柱状，RQD值约20%。基岩片理面产状为10°∠65°。

3. 地质构造

区域均未见到有明显的断层构造，构造作用对滑坡的发生影响较小。滑坡区受地质构造影响，形成两组优势节理面：L1，64°∠73°；L2，38°∠27°。

4. 气象水文

此滑坡气象水文条件与百涧河滑坡相同，相关内容参见本章第四节。

三、滑坡特征

1. 形态及规模特征

滑坡坡向约345°，平面形态呈长舌形，剖面形态呈阶梯形，前缘沟谷处高程296.2m，后缘山顶处高程424.2m，相对高差128m。滑坡平均坡度较缓，整体约22°，后部坡度较陡，约30°。滑坡长310m，平均宽80m，面积24 800m²，滑体平均厚度7m，体积173 600m³，为中型土质滑坡（图6-22）。

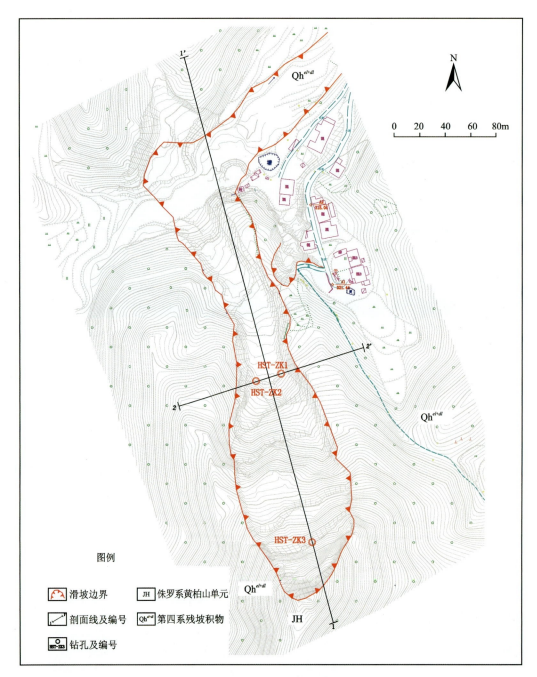

图 6-22 黑石头滑坡工程地质平面图

2. 变形破坏特征

滑坡发生后,下滑的滑体堆积于前缘,毁坏了坡脚的农田,冲毁了河道和河岸对面的小型山体。在滑坡主滑区发生滑动时,岩土体震动导致侧方的山体发生了小型滑坡。

3. 岩性结构特征

钻孔资料显示,黑石头滑坡滑体为残坡积层及片麻岩强风化层,滑带为岩体强弱风化接触面,滑床为片麻岩(图 6-23)。

滑体:由残坡积层土黄色砂土夹碎石、侏罗系黄柏山单元强风化片麻岩组成,呈可塑—硬塑状,结构

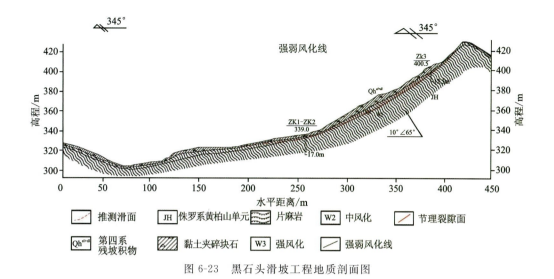

图 6-23 黑石头滑坡工程地质剖面图

松散土石比 8∶2,碎石块径一般在 3~9cm 之间,呈棱角—次棱角状,残坡积层厚 1~3m;青灰色、灰褐色,中粗粒变晶结构,片麻状构造,节理裂隙发育。地表出露岩体多强风化,性脆,岩质较弱,但是风化程度不一,局部地段风化程度差异性较大。

滑带:侏罗系黄柏山单元片麻岩强弱风化接触面,产状为 345°∠11°~23°。

滑床:侏罗系黄柏山单元中风化片麻岩,青灰色、灰褐色,中粗粒变晶结构,片麻状构造,岩芯多呈柱状,节长一般 8~17cm。

4. 滑动带特征

钻探资料显示滑动带为侏罗系黄柏山单元片麻岩强弱风化接触面,平均厚度约 6.0m。

5. 水文地质条件

滑坡所在区域水文地质条件与百涧河滑坡相同,相关内容参见本章第四节。

四、滑坡成因机制分析

形成黑石头村滑坡的因素可分为内在因素和外部因素。内在因素与黑石头村一带地质环境条件及自身特点有关,主要包括地形地貌、坡体结构及物质组成等;外部因素主要为大气降水及人类工程活动。

1. 地形地貌

黑石头村滑坡一带属构造侵蚀丘陵区,区内地形较复杂,自然坡在 30°左右,坡体前缓后陡,陡峭处坡度达 38°。陡坡分布较密、较广是黑石头村地段发生滑坡灾害的重要原因。

2. 地层岩性

区内基岩主要岩性为强风化片麻岩,岩体表层风化强烈,呈破碎块状,坡面植被发育,降雨时集水多。坡体饱水后自重加大,易发生变形垮塌。风化的片麻岩渗水性强,坡面的汇水都随基岩面、裂隙面下渗,在强风化与中风化接触面地下水汇集,导致汇水集中,在水流长期的冲刷下接触面逐渐贯通,最终造成了坡体的滑动。

3. 大气降水

滑坡区除部分降雨沿坡面产生径流之外,大部分雨水渗入土体,增加了土体的含水量、自重,同时软化土体,降低了土体的抗剪强度,增大了下滑力,且形成的静、动水压力对坡体产生一种侧向推力,对斜坡稳定性不利。雨水入渗至相对隔水层后在该处汇集,孔隙水压力增加,降低了有效应力,致使摩阻力降低。

4. 人类工程活动

该区人类工程活动表现为耕种及切坡建房,坡体前缘存在切坡修路、开发农田的现象,形成高1~2m陡坎,改变了原始地形地貌,导致前缘出现临空面。斜坡区内耕种破坏原有植被,对坡体的稳定性产生不利影响,易使斜坡局部地段发生变形破坏。

五、主要防治对策

1. 整体防治思路

综合考虑黑石头滑坡地层岩性、地理环境、危害对象等级及施工场地限制,对滑坡采取如下防治措施:削方整形+抗滑桩(含连系梁)+格宾挡墙+挡土墙+排水工程+坡面平整+绿化+耕地恢复(图6-24)。

2. 分项工程设计

(1)削方整形。对高程420m以上坡体进行削方减载,将斜坡后缘一级分水岭削平,转运至滑坡中前部。在高程405m、390m、375m、360m形成4级马道,坡面坡率依次为1∶1.50、1∶1.43、1∶1.38、1∶1.80。削方体积为34 335m^3。

(2)抗滑桩设计。A型抗滑桩桩长15.0m,其中受荷段10m,锚固段5m,断面为1.2m×2.0m,开挖断面为1.6m×2.4m,相邻抗滑桩中心距为5.0m;B型抗滑桩桩长11.0m,其中受荷段6m,锚固段5m,断面为1.2m×2.0m,开挖断面为1.6m×2.4m,相邻抗滑桩中心距为5.0m(Z3、Z4、Z5为A型桩,Z1、Z2、Z6、Z7为B型桩)。按1.2m为一个单元,每开挖1.2m进行一次护壁,采用C30混凝土浇筑,孔口处护壁高出地面20mm以保证施工过程安全。护壁混凝土内配筋,钢筋搭接焊接,搭接长度为300mm,模板使用钢模拼装而成,用钢管支撑,检查无误后用C30混凝土浇筑至密实。抗滑桩开挖施工过程一定要注意孔壁土质的变化,防止安全事故的发生,当遇到孔壁土质松软或破碎时,每次开挖和护壁深度应酌情减小。抗滑桩共设置7根。

(3)连系梁设计。连系梁共设置两道,一道布置在抗滑桩桩顶,另一道布置在桩顶往下6.0m处,梁断面为0.8m×2.0m。连系梁两端深入滑坡左右边界稳定岩层中,进入稳定岩层的深度不小于2.0m。受力钢筋采用机械连接,接头位置应相互错开,在同一截面内,接头数不超过钢筋总数的50%,同时有接头的截面之间的距离不小于2.5m,钢筋束的钢筋需紧贴,沿钢筋长1~2m点焊成束,受力钢筋排距(中心距离)150mm。主筋与箍筋连接点采用焊接。桩顶连系梁长度为47.5m,桩底连系梁长度为34.0m,总长81.5m。

(4)格宾挡墙设计(A型挡土墙)。抗滑桩桩后设置格宾挡墙进行支挡,挡墙底部地基土应满足地基承载力要求,格宾面墙网箱内充填石料。填石要求:填石可采用卵石、片石或块石,要求石料质地坚硬,强度等级MU30,相对密度不小于2.5g/cm^3,遇水不易崩解和水解,且抗风化;薄片、条状等形状的石料不宜采用,风化岩石、泥岩等亦不得用作充填石料,填充空隙率不大于30%;格宾挡墙后采用滑坡坡面

第六章 鄂东北堆积层滑坡典型案例

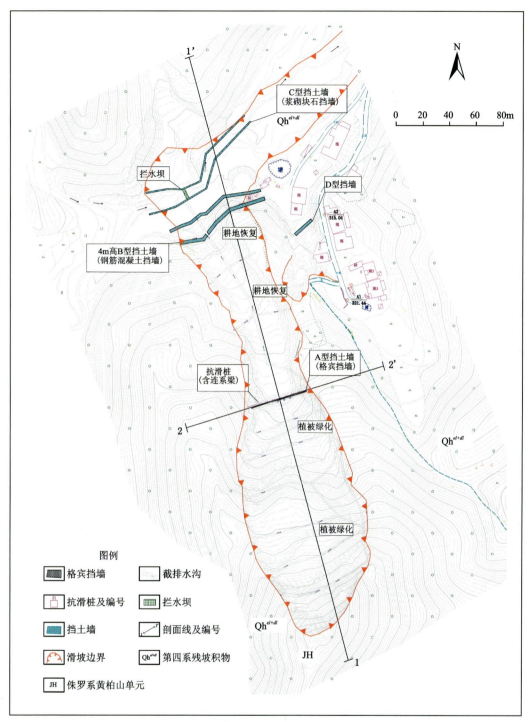

图 6-24 黑石头滑坡工程布置平面图

平整开挖出的碎块石充填,并保证填料的密实度,也便于坡体中的地下水能够及时排出。碎块石填料施工前应在底部铺 50cm 的黏土隔水层。填料上部覆盖厚度不小于 0.8m 的土体,并进行植被绿化。在格宾挡墙后、斜坡坡脚和抗滑桩桩前分别设置横向排水沟,将坡体的地下水及时排出。格宾是由特殊防腐处理的低碳钢丝经机器编织而成的六边形双绞合钢丝网。用于制作格宾的钢丝应镀锌覆 Polimac 防腐处理,当钢丝绕具有 2 倍钢丝直径的心轴 6 周时,用手指摩擦钢丝,应不会剥落或开裂;网面抗拉强度 50kN/m,当对网面试件加载 50% 的名义拉伸强度荷载时,双绞合区域 Polimac 不应出现破裂情况;网面裁剪后末端与边端钢丝的联接处是整个结构的薄弱环节,为加强网面与边端钢丝的连接强度,需采用专业的翻边机将网面钢丝缠绕在边端钢丝上≥2圈,不能采用手工绞,翻边强度35kN/m;镀锌覆Polimac格宾网面钢丝镀层重量应在织好的网面中取样进行测试,最小镀层重量要求不少于原材钢丝最小镀层重量的95%;绑扎钢丝必须采用与网面钢丝一样材质的钢丝,为保证联接强度需严格按照间隔10～15cm单圈一双圈连续交替绞合;为了保障面墙的平整度,靠面板30cm范围内按照干砌石标准进行施工;所有外侧的格宾单元设置加强筋,每平方米面板均匀布置4根;加筋格宾的安装应在专业厂家的指导下进行。单个格宾挡墙尺寸为0.8m×1.0m,总长为42.5m,在桩后共设置两排,共需1m高格宾笼444个。

(5) B型挡土墙设计。为对坡脚进行防护,在坡脚处修建重力式B型挡土墙,采用C30钢筋混凝土浇筑,挡土墙顶宽1.0m,底宽2.75m,墙高4.5m,基础埋深1.35m。挡土墙前部排水沟采用C30混凝土与挡墙一起浇筑;墙基槽应分段跳挖,基础持力层为中密的碎块石土,承载力不小于250kPa,若遇软土,需进行碎石土换填处理,换填深度根据试验确定;墙背设反滤层,墙体设排水孔,采用ϕ500mmPVC管,设置两排,分别距地面0.3m、2.0m,外倾5%,水平间距1.5m;挡墙与排水沟每10m设置一道沉降缝,缝宽20～30mm,填塞沥青麻筋或沥青木板。施工前做好排水工作,保护基坑干燥,墙身完成后,基坑必须及时回填夯实,墙后填土采用透水性好的碎石土;挡土墙施工过程应及时反馈基槽开挖情况,B型挡土墙长度为71.0m。

(6) C型挡土墙及拦水坝设计。在河道两侧修建C型挡土墙,挡土墙顶宽0.5m,底宽1.0m,墙高2.8m,埋深0.8m,面坡直立,面坡坡率1:0.25,挡墙采用浆砌块石砌筑。在距地面0.3m、1.2m设置排水孔,采用直径ϕ50mmPVC管,外倾5%,水平间距1.0m。块石应选用中—微风化的坚硬块石,基础如遇软土,应进行换土,采用碎石填充。挡土墙每隔15m左右设置一道伸缩缝,缝宽20mm,缝内回填沥青麻筋。C型挡土墙长度205m。每隔30m在河道修建支撑墙,以防止挡土墙因水流冲刷而造成墙脚裸露。支撑墙宽2.0m,高1.5m,采用浆砌块石砌筑。在汇水区前部修建拦水坝,拦水坝底宽2.15m,顶宽1.0m,高3.0m,面坡坡率1:0.58,埋深1m,采用C30素混凝土砌筑。在顶部设置2个过水洞,宽度为0.8m,高度0.6m,间距3.0m。拦水坝长度10m。

(7) D型挡土墙设计。在小型滑坡前缘(房屋侧方)修建D型挡土墙,挡土墙顶宽1.8m,底宽2.5m,墙高3.5m,基础埋深0.8m,背坡直立,背坡坡率1:0.26,采用浆砌块石砌筑。块石应选用中—微风化的坚硬块石,基础如遇软土,应进行换土,采用碎石填充。在距地面0.5m、1.2m、1.8m处设置排水孔,采用ϕ50mmPVC管,外倾5°,水平间距1.0m。D型挡墙长度18.0m。

(8) 排水工程设计。滑坡的汇水面积约$3.6×10^4 m^2$,根据计算结果,结合滑坡区地形地貌及降雨条件,同时参考本区域相关设计与施工经验,排水沟(A型)采用人工开挖,顶部100m长的过水断面为1.0m×1.0m,中部100m长的过水断面为1.0m×2.0m,底部100m长的过水断面为1.0m×1.5m,衬砌厚0.3m,采用C25素混凝土砌筑,从斜坡后缘一级分水岭开始修筑,将汇水排至前部河流中。A型排水沟长度为296.5m。为防止地表水沿坡表汇流,在坡表布置9条横向截水沟(B型),过水断面为0.5m×0.5m,衬砌厚0.3m,采用C25素混凝土砌筑,修建于各级马道后部。截水沟前马道应设置5%的反坡将降水排入排水沟中,并保证马道的平整度,防止马道表面积水。截水沟每隔15m左右设置一道伸缩缝,缝宽20mm,缝内回填沥青麻筋,沟纵比降大于8°的沟段依地形增设糙齿坎消能。在截水沟两侧过水面0.2m以上设置ϕ50mmPVC管,倾向沟内,倾斜角5°,水平间距2.0m。B型截排水沟总长度为676.0m。

(9) 绿化与耕地恢复。在高程332～419m范围内植草绿化,抗滑桩前坡体高程315～332m恢复耕地。坡面绿化面积为13 200m²。

黑石头滑坡治理后全貌如图6-25所示。

图 6-25 黑石头滑坡治理后全貌图

六、结论

黑石头滑坡为中型土质滑坡,体积 173 600m³,于 2020 年 7 月 3 日发生滑动,下滑的堆积体冲毁前缘林地、农田,堵塞了坡脚的河流,造成直接经济损失 10 万元,并对下方住户的生活及耕种造成严重威胁。根据地质环境条件、基本特征、变形特征、危害特征和形成机制对灾害体进行稳定性分析和评价可知,暴雨、连续强降雨是滑坡变形主要的诱发因素,确定治理方案为削方整形+抗滑桩(含连系梁)+格宾挡墙+挡土墙+排水工程+坡面平整+绿化+耕地恢复。2021 年 10 月,滑坡治理进入正常工程实施阶段,2022 年 5 月底完成施工。变形监测资料显示,整个滑坡位移速率明显下降,目前已处于稳定状态,工程效果良好。

第六节　罗田县白莲河乡月山村三组滑坡

一、概述

罗田县白莲河乡月山村三组滑坡曾于 2010 年 6 月发生滑动,摧毁居民房屋。自 2016 年雨季以来滑坡受持续降雨影响,于 2016 年 7 月 1 日及 2017 年 1 月 6 日再次发生滑动,损毁滑体前缘房屋,未造成人员伤亡。滑坡前缘高程约 255m,后缘高程约 282m,相对高差 27m,每逢雨季小坍小滑不断,给附近居民生命财产安全造成了严重威胁。

二、地质环境条件

1. 地形地貌

滑坡位于罗田县南部属构造侵蚀低山丘陵区,地势上整体西北高、东南低,区域山顶高程在 350～

550m之间,相对高差200m,山体自然坡度多为15°～30°。北西侧山顶浑圆,总体呈东南向展布一系列低山丘陵。低山丘陵与平地之间为较为平缓的阶地,坡体植被茂密,主要为灌木、松树、杂草、橘树等(图6-26)。

图6-26 月山村三组滑坡全貌图

2. 地层岩性

月山村三组后山滑坡区周边出露的地层主要由素填土(Qh^{ml})、第四系残坡积(Qh^{d+dl})和元古宇(Pt)组成,岩性特征如下。

素填土(Qh^{ml}):由粉质黏土、碎块石组成,厚度0.5～2.8m,平均厚度1.42m,褐黄、黄褐色,松散状,主要分布于斜坡底部简易挡土墙后部和Ⅰ号斜坡平台。

第四系残坡积(Qh^{d+dl})主要为土黄—黄褐色粉质黏土夹碎石组成,两侧斜坡局部分布,厚度为0.5～4.5m,呈可塑—硬塑状,结构松散,土石比7∶3,碎石成分主要为元古宇花岗质片麻岩,碎石呈棱角—次棱角状,块径一般以3～10cm居多,部分块径为0.5～5m。

元古宇(Pt):岩性为中细粒花岗质片麻岩,分布于第四系覆盖层之下,局部地段出露。结构致密坚硬,岩石呈灰色略带肉红色,风化后呈浅褐黄色,具花岗结构,片麻理约为305°∠65°。表层主要为全风化,层厚0.8～2.0m分布不均,斜坡平台附近分布较厚;强风化层厚2.5～10.5m。

3. 地质构造

区域均未见有明显的断层构造,构造作用对滑坡的发生影响较小。

4. 气象水文

罗田县属亚热带季风气候,江淮小气候区,四季分明,光照充足,雨量丰富。根据罗田县近20年的平均降雨量统计,年降雨量波动较大,年际变化明显。年平均降雨量1307.9mm,年降雨量在819.9～2387.4mm之间,最大为2020年的2387.4mm,最小为2006年819.9mm。区内气象灾害以干旱和洪涝为主,洪涝灾害频繁,均出现在3—10月份,尤以5—8月为甚,占全年雨量的70%,一般梅雨期内洪水频次多,范围大、过程长、危害重,尤其是洪涝造成的山洪暴发引起的滑坡、崩塌等灾害造成交通中断、田舍化为废墟,危害严重。

三、滑坡特征

1. 形态及规模特征

月山村三组滑坡(含不稳定斜坡)根据坡体物质结构的差异及变形特征分为Ⅰ号斜坡、Ⅱ号滑坡和Ⅲ号斜坡(图 6-27)。

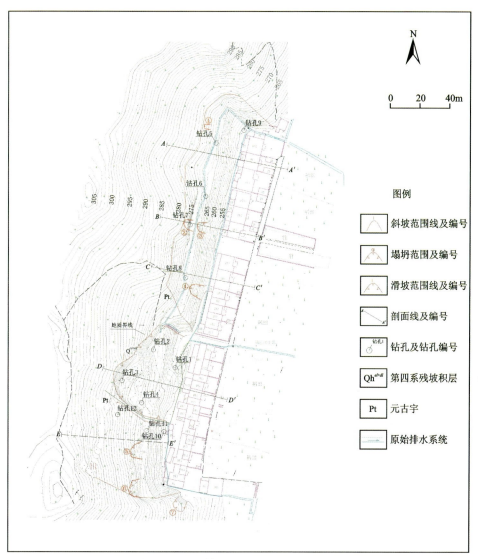

图 6-27 月山村三组滑坡工程地质平面图

Ⅰ号斜坡位于月山村三组后山北侧,平面呈矩形,潜在滑动面剖面形态呈折线形,总体坡度在35°～42°之间,潜在主滑方向为101°。斜坡前缘高程约255m,后缘高程约277m,高差约22m。斜坡坡长约37m,宽约145m,面积约5365m²,平均厚度约3m,体积约16 095m³。坡体主要由全风化花岗质片麻岩和强风化片麻岩组成,属于小型岩质潜在滑坡。潜在滑体主要为全风化片麻岩和强风化花岗质片麻岩,潜在滑床为相对坚硬的强风化花岗质片麻岩,潜在滑动面为强风化花岗质片麻岩内的软弱结构面,呈折线形,上陡下缓。

Ⅲ号斜坡位于月山村三组后山南侧,平面呈半椭圆形,潜在破坏方式为滑坡,潜在滑动面剖面形态呈折线形，总体坡度在35°～40°之间，潜在主滑方向94°。斜坡前缘高程约255m，后缘高程约284m，高差约29m。坡长约50m，宽约50m，面积约2500m²，平均厚度约4m，体积约10 000m³，坡体主要由全风化花岗质片麻岩和强风化片麻岩组成，属于小型岩质潜在滑坡。潜在滑体主要为全风化片麻岩和强风化花岗质片麻岩，潜在滑床为相对坚硬的强风化花岗质片麻岩，潜在滑动面为强风化花岗质片麻岩内的软弱结构面，呈折线形，上陡下缓。

Ⅱ号滑坡位于Ⅰ号斜坡和Ⅲ号斜坡之间，平面呈半椭圆形，滑动面剖面形态呈折线形，坡度约35°，主滑方向104°。滑坡坡长约50m，宽约55m，面积约2700m²，推测滑动面为强风化内部错动面，滑体平均厚度约2m，体积约5400m³，滑坡坡体主要为强风化片麻岩组成，属小型岩质滑坡。

斜坡坡体变形破坏直接威胁人口共计20户96人生命财产安全，同时影响周边的输变线路、农村道路、农田等，潜在经济损失可达900万元。根据《滑坡防治工程勘查规范》(DZ/T 0218—2006)，判断该滑坡危害对象等级为三级。

2. 变形破坏特征

Ⅰ号斜坡坡体主要发育4处小型坍滑，从北向南、从高至低依次编号为①号坍滑、②号坍滑、③号坍滑和④号坍滑。①号坍滑位于Ⅰ号斜坡北部，坍滑区长约4m，宽约3m，厚约1m，坍滑体积约12m³，主要为表层全风化层沿片麻岩差异性分化面滑落；②号坍滑位于Ⅰ号斜坡中部后缘，坍滑区长约7m，宽约7m，厚约1m，坍滑体积约49m³，主要为表层全—强风化片麻岩遭风化剥蚀后沿片麻岩强风化层内相对差异性风化面滑落；③号坍滑位于②号坍滑下方，坍滑区长约7m，宽约7m，厚约1m，坍滑体积约49m³，主要为表层全—强风化片麻岩遭风化剥蚀后沿片麻岩强风化层内相对差异性风化面滑落；④号坍滑位于Ⅰ号斜坡南部，坍滑区长约9m，宽约10m，厚约1.5m，坍滑体积约49m³，主要为表层全—强风化片麻岩遭风化剥蚀后沿片麻岩强风化层内相对差异性风化面滑落。

2016年7月1日晚8时左右，Ⅱ号滑坡发生小规模岩质滑塌，滑坡体积为8100m³，平面呈半椭圆形，主滑方向为100°，平均坡度为45°，前缘高程为253m，后缘高程为283m，高差约30m。滑坡横宽约60m，纵长约45m，面积约为2700m²，坡体平均厚度约3m。滑坡后缘可见一条拉张裂缝，走向70°，长约10m，宽3～5cm，可见深度为10～20cm。滑坡后缘下错1～2m，形成坡度约60°的陡坎，滑坡前缘向前滑动，堆积体抵至前缘房屋，前缘一栋房屋受损，堆积体高2～4m，屋后坡脚有积水，直接经济损失约为20万元，未造成人员伤亡。2017年1月6日斜坡体原滑坡处再次出现滑移变形破坏，滑坡后缘下错，强风化滑壁出露，滑体堆积于坡脚，未造成人员伤亡及房屋破坏，滑坡区面积约为2700m²，均厚2m，体积约5400m³。滑坡坡体可见大量孤石、危岩，块径0.5～5m。

Ⅲ号斜坡主要发育2处小型坍滑，从北向南依次编号为⑤号坍滑、⑥号坍滑。⑤号坍滑位于Ⅲ号斜坡中部，坍滑区长约9m，宽约10m，厚约1.5m，坍滑体积约135m³，主要为表层全—强风化片麻岩遭风化剥蚀后沿片麻岩强风化层内相对差异性风化面滑落。⑥号坍滑位于Ⅲ号斜坡南部，坍滑区长约6m，宽约12m，厚约1.5m，坍滑体积约108m³，主要为表层全—强风化片麻岩遭风化剥蚀后沿片麻岩强风化层内相对差异性风化面滑落。

3. 岩性结构特征

钻孔资料显示，月山村三组滑坡滑体为残坡积层及片麻岩强风化层，滑带为岩体强弱风化接触面，滑床为片麻岩(图6-28)。

滑体：由残坡积层土黄色砂土夹碎石、元古宇强风化片麻岩组成。残坡积层呈可塑—硬塑状，结构松散，土石比8∶2～7∶3，碎石块径一般在2～5cm之间，棱角—次棱角状，厚2～7m；强风化层呈青灰色、灰褐色，片麻状构造，节理裂隙发育。

滑带：为大别山岩群片麻岩强弱风化接触面，产状为97°∠18°～33°。

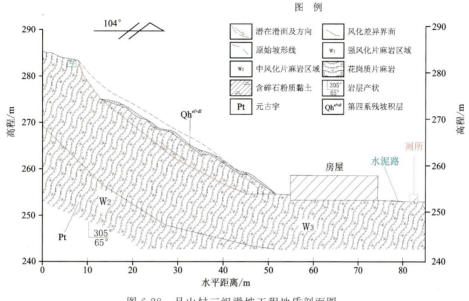

图 6-28 月山村三组滑坡工程地质剖面图

滑床：为大别山岩群中风化片麻岩，青灰色、灰褐色，中粗粒变晶结构，片麻状构造，岩芯多呈柱状，节长一般 8~17cm。

4. 滑动带特征

钻探资料显示滑动带位于元古宇（Pt）片麻岩强弱风化接触面，厚度 2~9m。

5. 水文地质条件

区域水文地质条件较为简单，地表水主要为大气降水，汇水面积约 24 930m²；地下水类型可分为两类，一类为第四系松散岩类孔隙水，另一类为变质岩基岩裂隙水。

(1) 第四系松散岩类孔隙水。主要赋存于第四系残坡积物中，主要接受大气降水补给，以上层滞水为主，赋存于包气带中，含水量少。

(2) 基岩裂隙水。主要分布于片麻岩基岩裂隙之中，接受大气降水和上覆第四系孔隙水的补给，顺基岩裂隙面呈线状或面状运移，由于基岩中裂隙较发育，排泄较通畅。

四、滑坡成因机制分析

形成月山村三组滑坡的因素可分为内在因素和外部因素。内在因素与其地质环境条件及自身特点有关，主要包括地形地貌、坡体结构及物质组成等；外部因素主要为大气降水。

1. 地形地貌

该点所在山体自然坡度 20°~25°，整体上南北两侧较陡，中部较缓，受地形影响，斜坡南北两侧覆盖层较薄、中部较厚。斜坡剖面形态呈直线阶梯状，灾害点位于山体坡脚，此处地势较低，汇水条件较好，汇水面积约 24 930m²。前部为早期切坡形成的高陡坡，坡度达 60°坡脚由于人工开挖形成高 10~14m，坡角 40°~50°的陡坎。

2. 地层岩性

区内基岩主要岩性为花岗质片麻岩,抗风化能力弱,地表出露的基岩多为全—强风化岩体。Ⅰ号斜坡和Ⅲ号斜坡坡体受风化作用影响,坡体表层岩体松散,抗压强度低,饱水后自重增大,抗剪强度降低,易发生变形滑动。Ⅱ号滑坡坡体由于花岗质片麻岩不均匀球型风化,坡体中夹有孤石,孤石成分主要为元古宇花岗质片麻岩,呈棱角—次棱角状,块径0.5~5m不等,滑坡变形后孤石裸露于坡体表面。

3. 大气降水

区内2016年梅雨期降雨量远超往年同期,长时间大量雨水入渗坡体,导致土体饱水,力学强度降低,不仅增加了岩土体的自重、软化岩土体,同时还使孔隙饱水,产生侧向水压力,诱发该地质灾害。

4. 人类工程活动

该点位于白莲河乡月山村三组后山,村民建房时由于场地需要对山体进行切坡改造,形成高10~14m、坡度40°~50°的陡坎,破坏原有应力平衡状态,造成临空面的应力集中,前缘虽布设有简易挡土墙,但未从根本上抵消坡体下滑力,无法提供有效支挡。

五、主要防治对策

1. 整体防治思路

Ⅱ号滑坡区域采取的治理措施为坡面整形+挡土墙+格构锚固;Ⅰ号斜坡和Ⅲ号斜坡区域采取的治理措施为坡面整形+挂网喷混凝土+种植池绿化工程;滑坡后缘修建截水沟,中部修建纵向排水沟,新建截水沟并入原有坡面排水系统,坡脚恢复原有排水系统(图6-29)。

2. 分项工程设计

(1)坡面整形设计。滑坡表层可见大量孤石、危岩体,为清除隐患,方便后期格构锚杆和挂网喷混凝土的施工需对坡面进行整形。对月山村后山突出的孤石、危岩体采用静态爆破方式爆破,然后搬运清除。削整Ⅰ号斜坡和Ⅲ号斜坡表层一定厚度的第四系和全风化花岗质片麻岩,Ⅱ号滑坡按坡率1:1.8进行坡面整形。整形清除体积共计6054m³。

(2)挡土墙设计。根据施工场地条件及其他制约因素,对Ⅱ号滑坡边坡底部采用浆砌石挡土墙进行支挡,挡土墙设计总高度3.5m,长度56m(控制点坐标P1~P4),墙顶宽1.5m,墙面坡率1:0.3,墙背直立,基础埋入深度1m。砌体石料强度不低于MU30,块径不小于40cm,块石厚度不小于30cm,采用M10水泥砂浆对挡墙顶部抹面,抹面厚度一般为30mm,抹面顶的流水横坡度为2%,挡墙外侧采用M7.5水泥砂浆勾缝。挡土墙每隔15m设一道伸缩缝,自墙顶做到基底,缝宽20mm,缝内采用沥青麻筋或沥青木板充填。墙体设置两排泄水孔,泄水孔直径50mm,水平间距2.0m,分别距离地面为0.5m和1.5m,采用ϕ50PVC排水管,泄水孔倾角5°,倾向墙外,墙后设置0.5m厚的滤水层。挡墙背部进行回填绿化,可将坡面清危弃土回填利用,回填表层的弃土如不能满足绿化种植要求,则采用客土。

(3)格构锚固工程。由于Ⅱ号滑坡结构较为破碎,为稳固坡体,拟采用格构锚杆对Ⅱ号滑坡坡体进行锚固。为满足格构梁铺设,拟对Ⅱ号滑坡进行整形,该段边坡按1:1.8坡率削坡后,铺设锚杆,锚杆设计长度5~9m,横向间距3m,竖向间距3m,按井字型布置。锚杆采用全黏结式,锚杆体采用直径为25mm的HRB335钢筋,锚孔直径为80mm,角度取20°,采用M30水泥砂浆灌注,注浆压力不小于0.5MPa。根据计算,格构梁按6ϕ16配筋。纵向受拉钢筋为HRB335钢筋6ϕ16,箍筋按构造配筋,箍筋

第六章 鄂东北堆积层滑坡典型案例

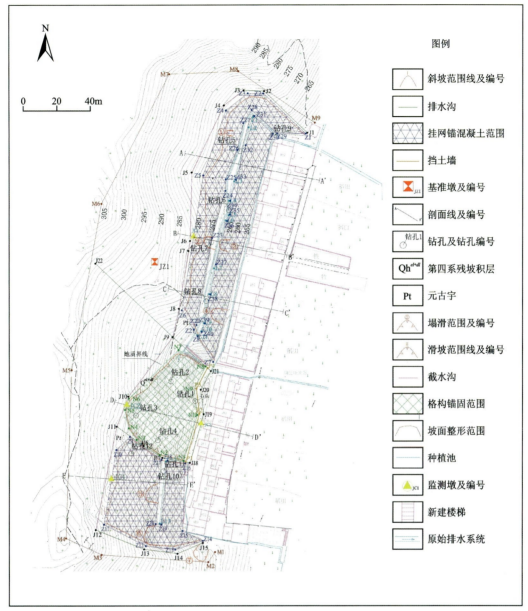

图 6-29 月山村三组滑坡工程布置平面图

选择 $\phi 8@200$ 的双肢箍筋。

（4）截排水沟设计。设置截水沟总长 280m。削坡后在坡面设置排水沟，分 5 段，总长 257.6m，均采用浆砌石砌筑，截排水沟具体走向可根据实际情况调整。截排水沟截面设计为矩形，宽 0.3m，高 0.4m，最小水力坡度取 0.5%，为防止截排水沟基础不均匀沉降和温度应力影响造成沟壁断裂，所有沟道均设置伸缩缝，间距 20m，伸缩缝位置尽量设于阶梯陡坎处、地基岩土性质变化处，缝宽 2cm，形式采用平头对接式，用 3# 沥青麻筋止水。沟底板和边墙伸缩缝设计为宽 2cm。为防冲防渗，沟道边坡沟壁采用浆砌块石砌筑，其中砂浆采用 M7.5，块石采用 MU30。对流速超过控制标准的局部沟段进行沟底加糙处理，加糙型式和加糙梁高度的确定以加糙后的水流流速控制在流速控制标准以内为原则，排水沟顺坡修建，斜坡坡度较陡，应设置跌水坎。

（5）挂网喷混凝土。Ⅰ号斜坡和Ⅲ号斜坡削方整形后仍存在剩余下滑力，为防治坡面垮塌，增大斜坡抗滑力，从而提高滑坡的稳定性。拟采用 $\phi 22$HRB400 全黏结锚杆，Ⅲ号斜坡分别于标高 +260m、

+264m、+268m、+272m、+276m 布设 5 排锚杆，于标高 +260m、+268m、+276m 布设 3 排泄水孔；Ⅰ号斜坡于标高 +260m、+264m、+268m、+272m 布设 4 排锚杆，于标高 +260m、+268m 布设两排泄水孔。锚杆长 8m，采用布设间距 3.0m×4.0m（横向×竖向），入射角度 20°，钻孔孔径 80mm，采用 M30 水泥砂浆灌注，注浆压力不小于 0.5MPa。铺设钢筋网采用 ϕ8HPR300 钢筋，钢筋间距为 300mm，铺设钢筋网后喷射 C20 混凝土 100mm，横向每隔 20m 设置永久伸缩缝，缝宽 20mm，填塞沥青麻筋或沥青木板，泄水孔采用 ϕ50PVC 排水管，排水沟长 0.2m，采用布设间距 6.0m×8.0m（横向×竖向），泄水孔倾角 5°，倾向墙外。

(6) 种植池绿化工程。Ⅰ号斜坡和Ⅲ号斜坡平台处设计一排种植池，种植池截面设计为矩形断面，壁厚 0.3m，内壁净宽取 0.5m，净高取 0.6m，覆土厚约 0.5m。种植池分 2 段，北侧边坡段长 132m，南侧边坡段长 58m，采用浆砌块石结构，其中砂浆采用 M7.5，块石采用 MU30，池内间隔 0.3m 种植爬山虎。

月山村三组滑坡治理后全貌如图 6-30 所示。

图 6-30 月山村三组滑坡治理后全貌图

六、结论

月山村三组滑坡为小型岩质混合滑坡，曾于 2010 年 6 月产生滑动，摧毁居民房屋。受强降雨影响，于 2016 年 7 月 1 日及 2017 年 1 月 6 日再次发生滑动，损毁滑体前缘房屋，未造成人员伤亡。滑坡前缘高程约 255m，后缘高程约 282m，相对高差 27m，有重大安全隐患。根据地质环境条件、基本特征、变形特征、危害特征和形成机制对灾害体进行稳定性分析和评价可知，暴雨、连续强降雨是滑坡变形主要的诱发因素，确定Ⅱ号滑坡区域的治理方案为坡面整形+格构锚固+挡土墙；Ⅰ号斜坡和Ⅲ号斜坡区域的治理方案为坡面整形+挂网喷混凝土+种植池绿化工程；滑坡后缘修建截水沟，中部修建纵向排水沟。2017 年 10 月滑坡治理进入正常工程实施阶段，2018 年 5 月底完成施工。变形监测资料显示，整个滑坡位移速率明显下降，目前已进入稳定状态，工程效果良好。

第七节　麻城市龟峰山风景区红叶大道滑坡

一、概述

麻城市龟峰山风景区红叶大道滑坡平面形态呈长条形,下伏基岩产状160°∠45°,主滑方向88°～101°。滑坡宽约165m,长约22m,面积约3630m²,平均厚度6m,体积约2.18×104m3。2020年现场调查时,滑坡后缘出现多条张拉裂缝,后部道路内侧坡体节理裂隙发育,已出现落石,对过往行人及车辆带来安全隐患。

二、地质环境条件

地形地貌

滑坡地处构造剥蚀低山区,区内高程500～1000m,切割深度200～500m,局部大于500m,属龟山山系,山体呈北北东向分布,自东向西高程逐渐降低。主要水系展布与构造线方向一致,呈近南北向,龟峰山形成一个近南北向的分水岭,分水岭以东水系流向东进入举水,以西水系流向北西进入巴水,零星分布有标高250～300m和150～200m两级剥夷面。地层主要由太古宇大别群构成,山脊呈亘状,山顶呈次圆状或不规则状,坡度多在30°～40°之间,被沟谷切割处常形成陡崖。沟谷发育,多呈"V"字形,少数为"U"字形,水系多垂直山脉延伸方向发育(图6-31)。

图6-31　红叶大道滑坡全貌图

2. 地层岩性

滑坡所在区域地层岩性由新到老依次为第四系残坡积层（Qh^{d+dl}）和太古宇大别群方家冲组（Arf）片麻岩，地层岩性自上而下分述如下：

(1) 第四系残坡积（Qh^{d+dl}）。土黄色的粉质黏土夹少量碎石，调查时粉质黏土呈可塑—硬塑状，稍湿。

(2) 元古宇大别岩群（ArD）。附近出露岩层为元古代大别岩群（ArD）强风化—中风化（英云）闪长质片麻岩。

3. 地质构造

区域均未见到有明显的断层构造，构造作用对滑坡的发生影响较小。

4. 气象水文

区内多年平均降雨量1247mm，日最大降雨量159.4mm（2016年7月），月最大降雨量567.4mm（2016年7月），月最小降雨量1.1mm（2014年12月）。从降雨逐月变化情况来看，1—7月平均降雨量随月份增加逐渐增大，七月份降雨量达到峰值，平均约254.1mm，之后逐渐减小，至12月达到最低，平均约25.7mm。区内降雨多集中于6—7月，约占全年雨量的36%。该滑坡区域内无大型水系，主要水源为降水，雨水通过地表、地下径流排出坡体。

三、滑坡特征

1. 形态及规模特征

红叶大道滑坡平面形态呈长条形，下伏基岩产状160°∠45°，主滑方向88°~101°。滑坡宽约165m、长约22m，滑坡面积约3630m²，平均厚度6m，体积约$2.18 \times 10^4 m^3$，为小型土质滑坡（图6-32）。

2. 变形破坏特征

根据野外现场调查，滑坡前后缘已经发生严重变形，后部由于滑移影响形成拉张裂缝，前部可见有陡坎局部垮塌及冲沟沟底块石散落现象。

(1) 滑坡前缘变形破坏特征。红叶大道滑坡前缘为一天然冲沟，经现场勘查，汛期期间沟内水流深度50~70cm，由于地势起伏较大，水流速度较快，冲刷、侵蚀滑坡前缘，对滑坡稳定性有很大的影响，冲沟左侧可见有块石散落现象（图6-33），块石粒径20~80cm。

滑坡左侧前缘还存在局部坍滑现象，坍滑方向约为60°，地表碎石土堆积，土石比7:3，坍滑导致前缘植被斜、弯曲（图6-34）。

(2) 滑坡后部变形破坏特征。滑坡在内外因素作用下发生变形，后缘红叶大道多处出现拉张裂缝。

滑坡左侧后部变形BX03（图6-35）为拉张裂缝，裂缝呈弧形展布，走向355°~5°，长度22.5m，最大裂缝宽度15cm，最大可见深度52cm，裂缝两侧错动3~4cm，张开处无充填。裂缝进一步发育，向北东侧延伸与BX04相接。

滑坡左侧后部变形BX04（图6-36）为拉张裂缝，裂缝呈近直线展布，走向15°，长度7.4m，最大宽度7cm，最大深度25cm，裂缝两侧错动1cm，张开处无充填。裂缝进一步发育，向南西侧延伸与BX03相接。

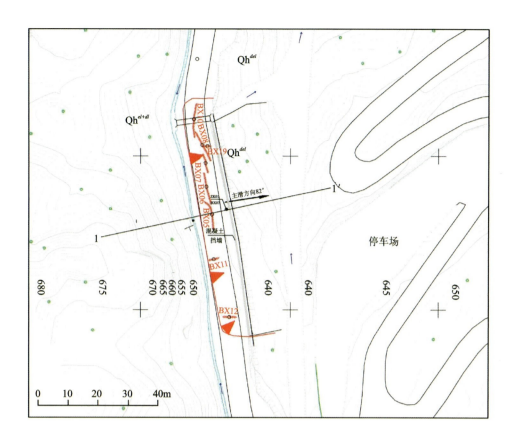

图 6-32　红叶大道滑坡工程地质平面图

图 6-33　滑坡前缘冲沟块石堆积

图 6-34　滑坡前缘局部坍滑

滑坡左侧后部变形 BX05（图 6-37）为拉张裂缝，裂缝呈近直线展布，走向 5°，长度 18.3m，宽度 3～4cm，深度 2～3cm，裂缝两侧错动 2～3cm，张开处无充填。裂缝进一步发育，向南西侧延伸与 BX04 相平行，向北东侧延伸与 BX06 相接。

图 6-35　滑坡左侧后部拉张裂缝(BX03)　　　　　图 6-36　滑坡左侧后部拉张裂缝(BX04)

滑坡中间后部有变形 BX12(图 6-38),该拉张裂缝呈弧形展布,走向 351°~22°,长度 11.2m,宽度 2~3cm,深度 5~6cm,裂缝两侧错动 1cm,张开处无充填。裂缝进一步发育,向南东侧延伸与 BX10 相接。

图 6-37　滑坡左侧后部拉张裂缝(BX05)　　　　　图 6-38　滑坡中间后部拉张裂缝(BX12)

滑坡右侧后部变形 BX07(图 6-39),该拉张裂缝呈弧形展布,走向 335°~275°,长度 8.1m,宽度 1~2cm,张开处无充填。裂缝进一步发育,向近西侧延伸至公路内侧排水沟。

滑坡右侧后部变形 BX08(图 6-40),该拉张裂缝呈近直线展布,走向 0°,长 9.3m,宽度 2~3cm,最大深度 12cm,裂缝两侧错动 1~2cm,张开处无充填。裂缝进一步发育,向近北侧延伸与 BX09 相接。

3. 岩性结构特征

滑体:根据地面调查及钻孔揭露,红叶大道滑坡滑体为杂填土,呈黄褐色,物质成分为强风化呈砂土状的片麻岩,呈可塑—硬塑状,强度中等,含云母、石英等矿物成分,局部有碎块状,粒径 20~30mm。钻孔揭露厚 6~7m。

第六章 鄂东北堆积层滑坡典型案例

图 6-39 滑坡右侧后部拉张裂缝(BX07)

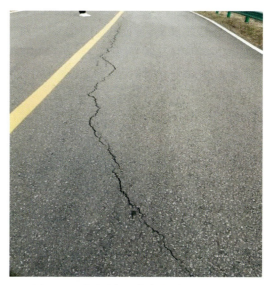

图 6-40 滑坡右侧后部拉张裂缝(BX08)

滑床：根据现场调查及钻孔揭露，红叶大道滑坡滑床均为元古代大别山群(英云)闪长质片麻岩，薄—中厚层状，强—中风化，较坚硬。从钻孔岩芯判断滑床岩体较完整，呈薄饼状或短柱状，滑坡岩层倾向 160°～176°、倾角 45°～52°。岩体发育两组节理，产状分别为 258°∠5°、97°∠75°(图 6-41)。

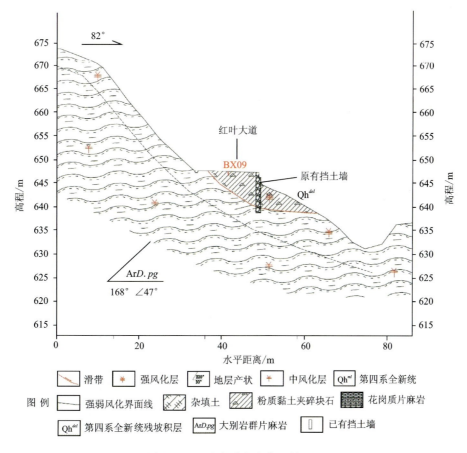

图 6-41 红叶大道滑坡典型剖面图

4. 滑动带特征

滑带位于填土与基岩接触面，平均厚度约 5.0m。

5. 水文地质条件

区域水文地质条件较为简单，地表水主要为大气降水，汇水面积约 1200m2；地下水类型可分为两类，一类为第四系松散岩类孔隙水，另一类为变质岩基岩裂隙水：

(1)第四系松散岩类孔隙水。主要赋存于第四系残坡积物中，接受大气降水补给。以上层滞水为主，赋存于包气带中，含水量少。

(2)基岩裂隙水。主要分布于片麻岩基岩裂隙中，接受大气降水和上覆第四系孔隙水的补给，地下水顺基岩裂隙面呈线状或面状运移。由于基岩中裂隙较发育，排泄较通畅。

四、滑坡成因机制分析

形成红叶大道滑坡的因素可分为内在因素和外部因素。内在因素与其地质环境条件及自身特点有关，主要包括坡体结构及物质组成等；外部因素主要为大气降水。

1. 地形地貌

红叶大道滑坡沿近南北向展布，南高北低，为厚约 6m 的堆积层体滑坡。滑坡中前缘坡度较陡，约为 40°，前后缘高差 14m，前缘为天然冲沟，丰水期沟内水流较大，对滑坡影响很大。二者前缘均为高陡临空面，为滑坡失稳提供了地形条件。

2. 岩土体工程地质特性

红叶大道滑坡滑体主要为碎裂岩，其物质成分为强风化呈砂土状的片麻岩，黄褐色，呈可塑—硬塑状，强度中等，含云母、石英等矿物成分。滑带为强风化呈砂土状片麻岩，局部有少量块片麻岩。二者下伏基岩为元古代大别岩群（ArD）强—中风化片麻岩，滑坡区内直接出露的基岩较少，裂隙较发育，岩体较破碎。

滑体渗透系数较大，地下水易下渗，但滑带土渗透系数小，阻隔了滑体土中地下水的下渗通道，在强降雨作用下，随着地下水的下渗，坡体内易形成稳定的渗流场，增大滑体的渗透压力。同时，滑带土为强风化呈砂土状片麻岩，其自身抗剪强度较低，遇水浸泡后易软化，由此可知，地层岩性是滑坡形成的物质基础。由于物质结构不尽相同，滑体各部位物理力学性状与含水透水性有较大差异，在地表水入渗作用下，风化岩土体遇水易软化，力学强度降低，产生变形破坏，且滑带一般较薄，土体较软，滑带土性质在多种因素触发下，易产生局部和软弱带失稳下滑变形、整体的流塑变形，从而导致滑坡体沿软弱带失稳下滑。

影响滑坡的主要外因如下：

(1)降雨。研究区地处亚热带大陆性湿润季风气候区，四季分明，雨量适中，降雨主要集中 6—8 月份。2018 年 7—9 月，在连续暴雨情况下，滑坡后缘公路出现拉张裂缝；2020 年及往后雨季期间，滑坡继续发育，后缘张拉裂缝持续扩张。由此可知，降雨是该滑坡失稳的主要触发因素。由于降雨连续集中，雨水的入渗使坡体内地下水位迅速升高，致使坡体内空隙水压力随之升高，土体由于饱水重度增加，增加了坡体荷载，同时降水入渗还使岩土体饱水后力学强度降低，稳定性降低。雨水不仅增加了岩土体的自重，软化岩土体与潜在滑移带，同时还使裂缝充填物吸水膨胀，产生侧向水压力，促使其加剧扩展，诱发高陡边坡产生变形破坏，最终可能发展为沿滑带的整体滑动。

(2)人类工程活动。滑坡后缘是红叶大道（县道），旅游淡季，道路负荷正常，仅为龟峰山村村民出行荷载,但每年劳动节前后,龟峰山杜鹃盛开,吸引全国各地爱好者前来观赏,道路负荷严重,交通拥堵,车辆荷载急剧增加,直接为滑坡后缘施加巨大推力,导致滑坡加速发育,道路裂缝继续变大。因此,区内人类工程活动也是滑坡发育的重要因素之一。

五、主要防治对策

1. 整体防治思路

考虑到红叶大道滑坡的变形影响因素及威胁对象,采用抗滑桩对其进行防护,并在道路内侧坡面设置主动防护网。

2. 分项工程设计

(1)抗滑桩。B型抗滑桩布置于已建挡土墙外侧,桩顶与挡墙顶部平齐,目的是对墙体进行加固,保证公路路面不因回填路基发生不均匀沉降出现开裂。抗滑桩按悬臂桩设计,共9根,桩长8~12m(图6-42),截面尺寸1.3m×1.5m,中心距5m,设计推力100kN/m,桩身混凝土强度等级C30,受力钢筋采用HRB400钢筋,箍筋采用HRB335;锁口和护壁混凝土强度等级C25,配筋均采用HPB300钢筋。抗滑桩桩顶增加连接梁,截面尺寸0.9m(高)×1.5m(宽),梁身混凝土强度等级C30。

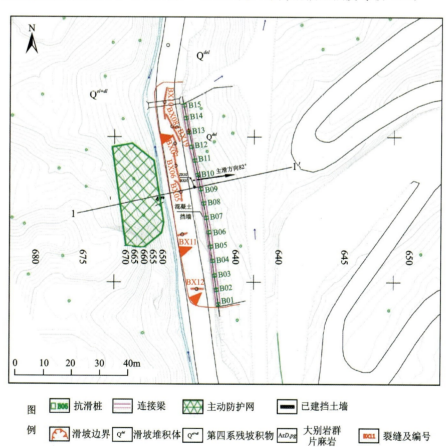

图6-42 红叶大道滑坡治理工程布置平面图

(2)主动防护网。红叶大道滑坡北侧公路内侧有一处切坡,切坡陡坎面基岩出露,表层岩体整体风化破碎,斜坡上部岩体由于差异风化结构相对完整,下部风化层剥落导致该处岩体底部临空,形成危岩体。为防止危岩体崩落造成危害,结合实际需要将该段边坡防治纳入本次治理范围内,防治方案为设置主动防护网。

锚杆拟采用22HRB400全黏结锚杆,长5m,共计20根,在距离道路路面高1m设置第一排,向上每增加4m高度设置一排,共3排,横向3m,纵向间距均为4m,入射角度15°,钻孔孔径80mm,采用M30水泥砂浆灌注,注浆压力不小于0.50MPa。挂网采用GPS2型主动防护网,网型为DO/08/300,系统布置的技术要求及参数:纵横交错的φ6.5mm,间距200mm×200mm(横向×竖向)的钢筋网布置的锚杆相联结并进行预张拉,在支撑绳构成的每个3.00m×4.00m(横向×竖向)网格内铺设一张D0/08/300/3.00m×4.00m(横向×竖向)型钢丝绳网,每张钢丝绳网与四周支撑绳间用缝合绳缝合联结并拉紧,同时,在钢绳网下铺设小网孔的S0/2.2/50型格栅网,以阻止小尺寸岩块的塌落。

图6-43 红叶大道滑坡治理后全貌图

六、结论

麻城市龟峰山风景区红叶大道滑坡平面形态呈长条形,下伏基岩产状160°∠45°,主滑方向88°～101°。滑坡宽约165m,长约22m,面积约3630m²,平均厚度6m,体积约2.18×10⁴m³。2020年现场调查时,滑坡后缘出现多条张拉裂缝,后部道路内侧坡体节理裂隙发育,已出现落石,对过往行人及车辆带来安全隐患。根据滑坡变形情况及威胁对象确定治理方案为抗滑桩+主动防护网。项目于2022年7月进入正常工程实施阶段,于2022年12月底完成施工,工程效果良好。

第八节 黄州区二水厂1号滑坡

一、概述

黄州市二水厂1号滑坡位于龙王山西北侧黄冈市市自来水二水厂北面山坡,2016年7月汛期,该滑坡发生多次滑动,滑动总体积约 5000m³,滑坡主滑方向为 10°,纵长约 25m,宽约 40m,厚约 5m,为小型土质滑坡。滑坡直接造成滑坡前缘挡土墙冲毁,前缘望月堤社区 133 号和 134 号民房开裂变形,133 号民房严重变形,坡体中掩埋的自来水二水厂管道设施破损。该滑坡造成直接经济损失约 50 万元,威胁前缘 58 户约 240 人及后缘市二水厂,潜在经济损失约 1200 万元。

二、地质环境条件

1. 地形地貌

龙王山周边为黄州岗地平原地貌单元,海拔大都在 30～80m 之间,总体呈北东高、南西低的趋势。龙王山位于黄州北侧,海拔 82m,面积 1km²,为黄州城区最高点,山体走向多为北东向,呈狭长形,东西长不足 2km²,南北宽不足 1km²。山体自然坡度一般在 25°～35°之间,植被较发育,主要为樟树、松树、槐树,少数为杂草及灌木林。

2. 地层岩性

区内地层由第四系残坡积(Qh^{d+dl})和白垩-第三系公安寨组(K_2E_1g)组成,岩性特征如下:(1)第四系全新世人工堆积层(Q^{ml})。由土黄色素填土组成,土质主要为粉质黏土含碎石,呈可塑—硬塑状,结构松散,土石比 8:2,碎石成分不易识别,碎石块径一般在 1～2cm 之间,多呈亚圆形。该层土层厚 2～3m,多分布在水泥公路下方的路基填方中。

(2)第四系残坡积层(Qh^{d+dl})。主要由土黄—黄褐色粉质黏土夹碎石组成,呈可塑—硬塑状,结构松散,分布于龙王山山体表层,钻探揭露该层平均厚度 2.5～3m,分布厚度总体呈上、下部薄,中部厚的特征,土石比 8:2,碎石成分主要为粉砂岩,碎石块径一般在 2～4cm 之间,多呈棱角—次棱角状。

(3)白垩-第三系公安寨组(K_2E_1g)。主要由白垩-第三系公安寨组泥质粉砂岩、砂砾岩、粉砂岩组成,深褐—红色,产状 310°∠5°,软硬相间,物理力学强度整体中等偏低,砾岩力学强度变化较大,强度大小取决于胶结物;砂岩抗风化能力较弱,遇水较易软化崩解。分布于第四系覆盖层之下,主要出露在斜坡陡坎部位,岩体表层风化强烈,多呈砂土状,手捏易碎。

3. 地质构造

区域均未见到有明显的断层构造,构造作用对滑坡的发生影响较小。

4. 气象水文

龙王山地处亚热带,受亚热带季风气候影响,气候温和,夏长冬短,雨量充沛,相对湿度大,年均气温等于或大于 10℃,植物生产期长,雨量较多。春季开始在 3 月中旬,夏季开始在 5 月下旬,秋季开始在 10 月上旬,冬季开始在 11 月下旬。夏季炎热,梅雨明显,秋高气爽,冬季较暖,气候温和湿润。

年平均降水量 900～1300mm,一般 860～1400mm,年蒸发量 600～700mm,年平均相对湿度 79%。降雪初日一般出现在 12 月,少数年出现在 11 月,年平均降雪 7.3d。初霜日期多出现在 11 月下旬,终霜日期多出现在 3 月上旬,无霜期年平均 262.3d,最长为 302d,最短为 215d。

2016 年汛期,受超强厄尔尼诺现象影响,黄冈市汛期降雨量比往年同期增多,7 月份累计 657mm,6 月 19 日和 7 月 2 日最大日降雨量达 215mm,超 20 年降雨量最高水平。长江位于龙王山以南约 2km 处,由北西向东南径流。

三、滑坡特征

1. 形态及规模特征

该滑坡位于龙王西北侧市自来水二水厂北面山坡,灾害点后缘坐标东经114°51′56.79″、北纬30°27′43.84″,高程49m。滑坡前缘和后缘地势相对平缓,前缘主要为望月堤社区居民住宅区,后缘为黄冈市自来水二水厂厂区。原坡体表面植被发育,主要生长大型乔木、灌木、杂草等(图6-44)。

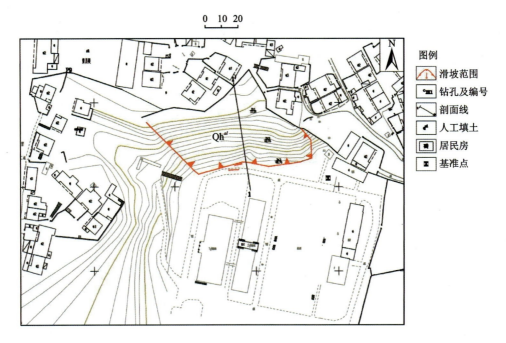

图6-44 二水厂一号滑坡工程地质平面图

该滑坡发生于2016年6月汛期,因强降雨引发,采取了坡面铺设雨布等应急处置措施,但未能从根本上消除隐患,在随后几轮强降雨中,滑坡再次发生,规模不断扩大。

该处滑坡前缘以受损挡土墙为界,通过现场查看,挡土墙受滑坡下滑发生弯折鼓胀,局部出现坍塌,表征了该部位为滑坡的剪出口,即确定为滑坡的前缘。滑坡后缘以二水厂厂内公路裂缝为界,右侧以滑体与外侧原始坡体形成明显的地形差异界线为界,左侧以坡体左侧沟谷为界。

2. 变形破坏特征

滑坡后缘形成约2m掉坎,后缘公路上发育一条裂缝,裂缝长2m,宽0.1~0.5cm。坡体上发育多条裂缝,裂缝走向约90°,宽3~8cm,延伸长10~30m,可见深度0.1~0.3m。坡体上一条连接二水厂与望月堤社区的砖砌阶梯小路变形损毁,坡体下部一条二水厂水管受损漏水。滑坡前缘为民房,前缘为一处高约3m的挡土墙,下部2m为块石,上部1m为浆砌砖,挡土墙已毁坏,滑坡土方堆积在133号民房后墙。院内水泥地坪挤压拱起变形,住房一楼和二楼紧邻挡土墙的房间内墙均出现大量裂缝,房屋前院地表局部塌陷约0.5m,133号民房变形严重。

3. 岩性结构特征

二水厂1号滑坡属于小型土质滑坡,根据勘查资料,滑坡发生于厚7~10m的第四系人工素填土层中,土体由土黄色素填土组成,土质主要为粉质黏土含碎石,呈可塑—硬塑状,结构松散,土石比8：2,碎石成分不易识别,碎石块径一般在1～2cm之间,多呈亚圆形。滑体和滑床均为人工素填土,滑体厚度4～5m(图6-45)。

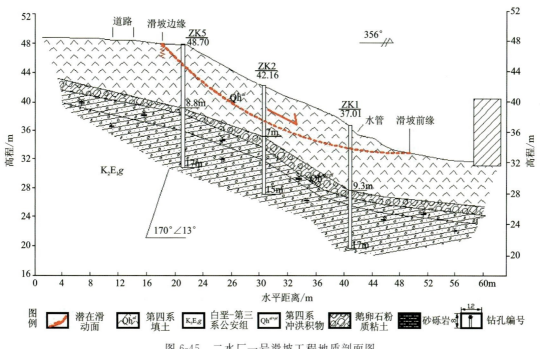

图6-45 二水厂一号滑坡工程地质剖面图

4.滑动带特征

第四系素填土土体内部薄弱带,剖面上呈圆弧状,滑带厚2～5cm,距离坡体表面4～5m。

5.水文地质条件

(1)地表水。龙王山一带地表水系不发育,仅在部分两个山丘之间山谷处形成自然冲沟,沟道底部基岩裸露侧壁表见厚1.5～2.0m的残坡积土,沟底呈"U"形,经调查大部分沟道内无积水,仅在降雨时山体上大量雨水汇入冲沟内,形成较强的地表径流。

(2)地下水。根据勘查区含水介质特征、地下水赋存条件、水动力特征及其富水性和透水性,将本区地下水类型划分为松散岩类孔隙水、碎屑岩裂隙水。

(3)松散岩类孔隙水。主要赋存在残坡积层、不稳定边坡堆积层中,残坡积层多分布在斜坡区以外坡面,堆积层则分布于勘查区斜坡区内,岩性为粉质黏土、粉质黏土夹碎石,结构较松散,透水性较强,地下水极为贫乏。

(4)碎屑岩裂隙水。主要赋存于白垩-第三系粉细砂岩、砂砾岩、泥质粉砂岩的构造裂隙、层间裂隙、风化裂隙中,该层风化带之下,岩石富水性差,水量极小,接受大气降水补给,为相对隔水层。龙王山山体地形总体上为陡缓相间的折线坡,大气降水多形成地表径流,直接流入坡体前缘的简易截排水沟中。

四、滑坡成因机制分析

形成二水厂滑坡的因素可分为内在因素和外部因素。内在因素与其地质环境条件及自身特点有关,主要包括地形地貌、坡体结构及物质组成等;外部因素主要为大气降水。

1. 地形地貌

二水厂滑坡前缘右前方主要为居民区,前缘中部为地势低洼区,这为滑坡发生提供了空间。滑坡平均坡度25°,前缓后陡,中后部坡体平均坡度为35°~40°,坡度较陡。同时,原始坡体生长有大量高大乔木,也在一定程度上增加了坡体的重度。

2. 地层岩性

二水厂滑坡发生于厚度达7~10m的第四系素填土层中,根据勘查资料分析,填土的物理力学强度较低,尤其是饱水状态下,土体的力学强度迅速下降。

3. 大气降雨

根据气象资料,黄州区2016年6月19日当天24小时降雨量达180.8mm,突破历史记录,属百年一遇特大暴雨。强降雨使得坡体内部岩土体物理力学参数迅速降低,土体内薄弱部位受雨水的不断侵蚀逐步贯通形成滑面,同时,降雨还增加了坡体的重度,并增加了动水、静水压力对坡体的扰动作用。

4. 人类工程活动

二水厂滑坡属于人工填方堆积土滑坡,原始坡体的堆积可能未进行有效的压实等处理。滑坡后缘为水厂公路,厂区内部过往车辆对坡体造成了加载和震动。滑坡前缘为居民住宅区,建房切坡使得前缘形成了高1~2m、长10m的陡坎,造成滑坡前缘局部临空。前缘虽然修筑了一段长12m、高2.5m的砖砌挡土墙,但其强度较弱,对坡体的支护能力有限。坡体中部由于水厂内部管道通过,也进行了局部的开挖,对坡体造成了扰动,同时,管道时常存在破裂漏水现象,致使坡脚不断被浸泡。

五、主要防治对策

1. 整体防治思路

根据滑坡的稳定性评价结果,结合实际需要,此滑坡采取的治理方案为挡土墙+截排水沟+格构护坡+绿化工程+监测预警(图6-46)。

2. 分项工程设计

(1)挡土墙工程。在滑坡前缘布置重力式浆砌石挡墙,总长102m,墙身高5.0m,墙顶宽1.3m,面坡坡率1:0.3,背坡直立,基底斜率1:10,基础置于基岩,埋深1m。挡墙砌体石料强度不低于MU30,块径不小于40cm,块石厚度不小于30cm,采用M10水泥砂浆对挡墙顶部抹面,抹面厚度一般为30mm,抹面顶的流水横坡度为2‰,挡墙外侧采用M7.5水泥砂浆勾缝。挡土墙每隔15m设一道伸缩缝,自墙顶做到基底,缝宽20mm,缝内采用沥青麻筋或沥青木板充填。墙体设置3排泄水孔,泄水孔直径50mm,水平间距2.0m,第一排距地面1m,第三排距地面3m。采用φ50PVC排水管,泄水孔倾角5°,倾向墙外,墙后设置0.5m厚的滤水层。挡土墙地基置于基岩,承载力要求不低于250kPa。

(2)截排水沟工程。截水沟的断面设计为矩形,宽×高=0.35m×0.4m,验算满足要求。截水沟布置应充分利用现有地形条件,尽量减少对周边环境条件的扰动破坏,以及开挖工作量,降低工程造价。当自然总坡大于1:20或局部高差较大时,设置跌水,坡率小于2‰时应进行防淤处理。根据实际需要,滑坡布设截排水沟500m,所有截排水工程均设计接入城市排水系统。

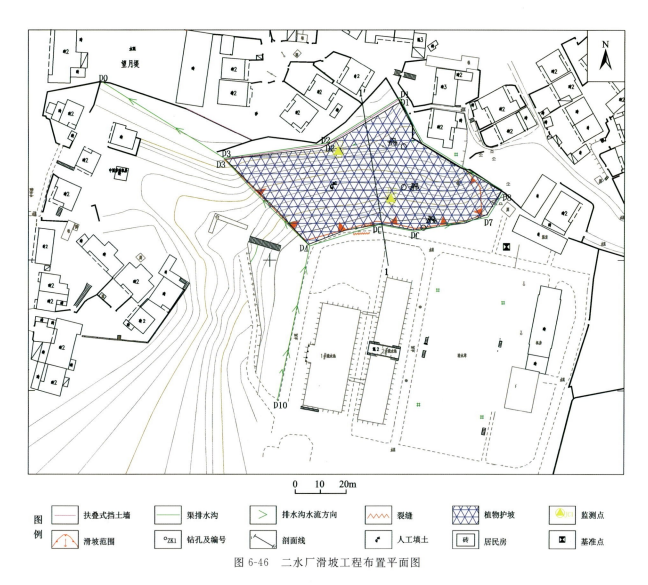

图 6-46 二水厂滑坡工程布置平面图

(3) 格构锚杆工程

锚杆设计：由于滑坡结构较为松散、破碎，拟采用格构锚杆对坡体进行锚固。为满足格构梁铺设要求，拟对滑坡进行整形，按 1∶1.1 坡率削坡后，铺设锚杆，锚杆设计长度 9m，横向间距 2.5m，竖向间距 2.5m，按梅花状布置，采用全黏结式。锚杆体直径采用 25mm 的 HRB335 钢筋，锚孔直径为 120mm，角度取 20°，采用 M30 水泥砂浆灌注，注浆压力不小于 0.5MPa。

格构梁设计：①格构梁截面尺寸。均采用 250mm（宽）×300mm（长）的尺寸，井字形布设。②格构梁配筋。选用 6Φ16 的 HRB335 钢筋，Φ8@200 的双肢箍筋。③其他构造要求。钢筋保护层厚为 40mm，格构梁嵌入地面以下 0.15m，混凝土等级为 C30，横向每隔 20m 设置永久伸缩缝，缝宽 20mm，填塞沥青麻筋或沥青木板。

绿化工程：格构梁修筑好之后，在格子内部播撒草籽进行绿化。

监测预警工程：采用自动化监测＋人工宏观巡视监测方案。自动化监测是将自动化仪器安装在滑坡体上，对滑坡体变形情况实时监测，并发布预警信息。此滑坡布设两个自动化监测点，分别位于滑坡前缘挡土墙和中部马道排水沟边。基准点布置在滑坡后缘稳定部位。

图 6-47 二水厂滑坡治理前全貌图

图 6-48 二水厂滑坡治理后全貌图

六、结 论

二水厂滑坡为小型土质滑坡,曾于 2016 年 6 月发生滑动,受强降雨影响,于 2016 年 7 月 1 日及 2017 年 1 月 6 日再次发生滑动,未造成人员伤亡。滑坡前缘高程约 33m,后缘高程约 49m,相对高差 16m,有重大安全隐患。根据对灾害体的地质环境条件、基本特征、变形特征、危害特征和形成机制进行稳定性分析和评价可知,暴雨、连续强降雨是滑坡变形主要的诱发因素,确定治理方案确定为挡土墙+截排水沟+格构护坡+绿化工程+监测预警。滑坡于 2017 年 10 月治理进入正常工程实施阶段,于 2018 年 5 月底完成施工。变形监测资料显示,整个滑坡位移速率明显下降,目前已处于稳定状态,工程效果良好。

第七章　鄂东北堆积层滑坡防治

第一节　鄂东北典型堆积层滑坡防治工程分析

鄂东北地区 8 处典型堆积层滑坡分别采用了以下不同方式进行治理：①黄梅县大河镇袁山村三组滑坡：拦渣坝（应急治理）＋危岩体及孤石清除＋滑坡区堆积体清运＋坡面整形＋挡土墙＋截排水沟＋消能池＋植被护坡；②黄梅县大河镇宋冲村滑坡：滑坡堆积体清理＋排导槽＋挡土墙＋截排水沟＋植被护坡；③蕲春县大同镇两河口滑坡：坡面整形＋重力式抗滑挡土墙＋护岸墙及护脚墙＋截排水沟＋生态绿化；④英山县温泉镇百涧河滑坡：削坡工程＋排水工程＋挡土墙＋格构护坡＋农田复耕＋绿化；⑤英山县温泉镇黑石头滑坡：削方整形＋抗滑桩（含连系梁）＋格宾挡墙＋挡土墙＋排水工程＋坡面平整＋绿化＋耕地恢复；⑥罗田县白莲河乡月山村三组滑坡：坡面整形＋挡土墙＋格构锚固＋挂网喷砼＋截排水沟＋生态绿化；⑦麻城市龟峰山风景区红叶大道滑坡：抗滑桩＋主动防护网；⑧黄州区二水厂 1 号滑坡：挡土墙＋截排水沟＋格构护坡＋绿化工程＋监测预警。

这些典型的滑坡防治案例中均对坡体进行了削方（削方减载、危岩清理），采用截排水工程（截排水沟、排导槽）对滑坡区的水流进行引导、排泄，采用挡土墙对坡体（面）进行了支挡防护。8 处滑坡的治理方案设计根据各自特点布设有各种支挡措施，如抗滑桩（微型桩）、浆砌片石护坡、格构护坡、挂网喷混凝土，同时根据需求对部分滑坡进行了坡面绿化。

8 处典型滑坡的治理方案基本反映了鄂东北地区堆积层滑坡的治理现状：滑坡治理首要任务为对滑坡区的汇水进行引流，减小水流对坡体的不利影响；其次为对坡体进行削方（或整形），并设置阻挡坡体变形的措施（其中以挡土墙最为常见），以保证坡体的稳定；最后根据各滑坡特点增加相应的补充防护工程（绿化、耕地复垦等）。

第二节　鄂东北典型堆积层滑坡防治工程总结

除 8 处典型滑坡以外，鄂东北地区已发现的堆积层滑坡以平缓浅层小型为主，滑体厚度多小于 5m，且主要沿基覆界面滑动，总体具点多、面广，规模小、危害大的特点。滑坡治理方案主要为减重反压、截排水工程、挡土墙工程、格构锚固工程、抗滑桩工程、植物防护等的不同组合。

一、减重反压

减重与堆载反压是滑坡治理中最直接、最有效的方法之一，包括滑坡后缘减载、表层滑体或变形体清除、削坡降低坡度及设置马道等。鄂东北地区堆积层滑坡一般以减重手段为主，反压手段受场地影响而导致使用较少。本地区对滑体削方后一般在距地面 5.0～7.0m 处设置 2.0～3.0m 宽的马道，且一般会在马道内部修建排水措施。削方后坡度一般在40°～63°之间,具体坡度根据岩体情况确定。

二、挡土墙

挡土墙是目前在鄂东北地区中小型滑坡支挡工程中应用最为广泛而且较为有效的措施之一。在结构形式分类方面,重力式挡土墙由于型式简单、施工方便,可就地取材,具适应性较强等优点,在本地区滑坡防治工程中最为常用;锚定式挡土墙、桩板式挡土墙、薄壁式挡土墙在部分防治工程出现,但使用频次较低,一般使用在特殊地段滑坡的防治工程中。

1. 重力式挡土墙

本区常用的重力式挡土墙墙高一般低于6m,多数高度为2.0～4.0m,墙面坡率为1∶0.2～1∶0.3;各墙背形式挡土墙使用的频次由高到低依次为直立式、仰斜式、俯斜式、衡重式。挡土墙材质类型主要有素混凝土、钢筋混凝土、浆砌块石、毛石混凝土等,但目前因浆砌块石单价的提高、施工技术水平限制、强度相对较低等原因,浆砌块石使用频率逐渐降低。

1)直立式重力挡土墙

直立式重力挡土墙多用于滑坡推力较小且有较好施工作业面的场地,墙后主动土压力位于仰斜式与俯斜式之间。该类型重力式挡土墙受坡体坡度影响较小,本地区一般运用于以下几个方面:

(1)坡面防护。当滑坡整体稳定,坡脚存在局部溜土、垮塌时,一般在坡脚修建1.5～2.5m高的直立式重力挡土墙进行防护,主要起到阻止小体积土体滑出的作用。广泛应用于道路两侧,材料普遍采用浆砌块石、素混凝土,墙厚一般0.4～1.0m。

(2)坡面支挡。应用于小型滑坡的防治或中型滑坡的局部支挡,一般在坡脚修建2.0～4.0m高的直立式重力挡土墙进行支挡,阻挡坡体滑动。广泛应用于施工场地条件较好的区域,材料普遍采用素混凝土、浆砌块石、钢筋混凝土或毛石混凝土,墙厚0.5～2.0m均有使用。

(3)坡脚支撑。一般应用于格构护坡、挂网喷混凝土等工程的压脚,充当底梁。材料普遍采用素混凝土、钢筋混凝土,高度一般1.5～2.0m,墙厚一般0.5～0.8m。

2)仰斜式重力挡土墙

仰斜式重力挡土墙一般应用于开挖滑(边)坡的支挡,所受主动土压力小,墙背可与开挖的临时边坡紧密贴合,但墙后填土的压实较为困难。本地区一般运用于以下几方面:

(1)坡面防护。当滑坡整体稳定,坡脚存在局部溜土、垮塌时,可采用2.0～5.0m高的仰斜式重力挡土墙进行防护,起到阻止小体积土体滑出的作用,同时防止坡面持续风化。广泛应用于房屋后部及道路两侧边坡的防护,材料普遍采用素混凝土、钢筋混凝土,墙厚一般0.3～0.6m。

(2)坡面支挡。应用于小型滑坡的防治或中型滑坡的局部支挡,一般在坡脚修建2.0～4.0m高的直立式重力挡土墙进行支挡,阻挡坡体滑动。广泛应用于施工场地条件较好的区域,材料普遍采用素混凝土、浆砌块石、钢筋混凝土或毛石混凝土,墙厚0.5～2.0m均有使用。

3)俯斜式重力挡土墙

俯斜式重力挡土墙一般应用于填方工程,其主动土压力较大,但墙后填土施工较为方便,易于保证回填土质量,墙面坡度缓于或等于墙背坡度,坡度一般为1∶0.3左右。但在同等效果下该类型挡土墙费用较高,一般只适用于横坡陡峻的滑坡。材料普遍采用素混凝土、浆砌块石、钢筋混凝土或毛石混凝土,墙高一般2.5～4.0m,墙厚一般1.0～1.5m。

4)衡重式挡土墙

衡重式挡土墙的最大优点是可利用衡重平台上的填土重迫使墙身整体重心后移,使基底应力趋于均衡,增加了墙身的稳定性,这样可适当提高挡土的高度,增加了衡重台以上填土重量来维持墙身的稳定性,且节省了部分墙身的圬工,减小了作用于墙背的土压力。但从另一方面来讲,衡重式挡墙的构造形式又限制了其基底不可能做得很大,因此就扩散挡墙基底应力而言,衡重式挡土墙反而不如其他形式的挡土墙,它提高挡土的高度也是比较有限的。该类型挡土墙一般适用于陡山坡的路肩墙、路堤墙和路堑墙。本区衡重式挡土墙材料普遍采用钢筋混凝土,墙高一般 2.5~5.0m,墙厚一般 0.8~1.5m。

2. 桩板式挡土墙

桩板式挡土墙是指由钢筋混凝土桩和挡土板组成的轻型挡土墙。该类型挡土墙通过在深埋的桩柱间设置挡板以抵挡土体,适用于侧压力较大的加固地段,在鄂东北地区(覆盖层较薄、基岩强度较高)存在高坡陡面(不具备削方条件)、顶部设施较为重要等特点的场地已得到良好地应用。在已经过使用的桩板式挡土墙中,桩的尺寸 0.6m×0.8m~1.5m×2.0m 不一,桩心距一般为 5m,材质采用钢筋混凝土,且混凝土强度均为 C30;板的厚度一般为 0.2~0.3m,同样采用钢筋混凝土浇筑。整体桩板墙的地面以上高度在 3~6m 之间,埋深段长度根据基岩岩性而定,深度一般 3~5m。部分桩板墙与上部地面平齐,部分桩板墙上部仍有其他防护措施,如格构护坡、坡面硬化等。

3. 薄壁式挡土墙

薄壁式挡土墙包括悬臂式和扶壁式两种形式。悬臂式挡土墙由立壁和底板组成,具有 3 个悬臂,即立壁、趾板和踵板。当墙身较高时,沿墙长每隔一定距离设置一道扶壁连接墙面板及踵板,称为扶壁式挡土墙。它们的共同特点是墙身断面较小,结构的稳定性不是依靠本身的重量,而主要依靠踵板上的填土重量。此类挡土墙自重轻,可节省圬工,适用于墙高较大的情况,需使用一定数量的钢材,经济效益较高,适用于填方滑(边)坡的治理。

鄂东北地区已采用的薄壁式挡土墙形式主要为悬臂式,扶壁式使用较少。采用的悬臂式挡土墙厚度为 0.4~0.5m,墙高 2.5~4.0m,均采用钢筋混凝土浇筑。

三、截排水沟

鄂东北地区 90% 以上的滑坡都发生在汛期,表明地表(下)水是影响滑坡稳定性的重要因素。因此,截排水工程是鄂东北地区堆积层滑坡治理中一项重要的内容,并且常是滑坡治理的根本措施。

本地区所修建的截排水设施主要为地表截排水工程。常用的地表截排水沟尺寸一般为 0.4~0.6m×0.4~0.6m,多为矩形、方形截面,材质一般使用素混凝土、浆砌块石。在坡度较陡时,也会使用梯形截面,内侧高度大于外侧高度以便于排水和防溜土。本区修建的地下排水工程主要是辅助地表排水系统完成地表水的排泄,一般会在地表以下 0.8~1.5m 处埋设波纹管、水泥管进行排水。

四、格构护坡

鄂东北地区堆积层滑坡采用的格构梁尺寸一般 0.25m×0.35m~0.3m×0.4m,格梁间距一般 2.0~2.5m,均采用钢筋混凝土浇筑。格构交点一般都设置有锚杆,锚杆体普遍采用 $\phi 25$ 钢筋,其余的还有 $\phi 28$、$\phi 32$,但类型均采用 HRB400。锚杆长度一般采用 3m、6m、9m,部分锚杆长度为 4m、5m。此外,本地区在坡度较缓、底部有支撑措施的场地,使用了轻型格构,该类型护坡方式采用的格梁尺寸相对较小,且仅在部分格梁交点设置了锚杆。

五、抗滑桩

抗滑桩又称阻滑桩,是一种大截面侧向受荷桩。基本原理是在滑坡中的适当位置设置一系列桩,桩身穿过滑面进入下部稳定滑床中,利用锚固段向滑体提供一个抗力,以阻止坡体的滑动。但基于本地区堆积层滑坡以小型为主的实际情况,所以本地区抗滑桩使用频次较低,主要出现在中型堆积层滑坡的防治工程中。本地区目前使用的抗滑桩材质均为钢筋混凝土,从截面形式上分类有圆桩、方桩。目前使用较为广泛的为方形钢筋混凝土单桩,截面尺寸一般为 $1.2m\times1.5m$、$1.5m\times2.0m$。

六、植被绿化

植被防护是利用植被涵水固土的原理,在稳定边坡的同时美化生态环境的新技术,是涉及岩土工程、恢复生态学、植物学、土壤肥料学等多种学科于一体的综合工程技术。目前,植被防护技术得到广泛应用,尤其在城区的滑坡治理工程中最为常见。随着人类对生存环境要求的提高,该类防护措施的发展与应用定将得到大力发展。但在顺层滑坡和残积层滑坡中采用植物防护工程时,应避免植物根系劈裂、风荷载和水的作用加剧滑坡的失稳。

本地区一般的树木种类选择灌木,类型为刺槐,种植间距 $1.0m\times1.0m$。草本植物以高羊茅、狗牙根、白三叶、紫花苜蓿为主,在春末和初夏开花,搭配紫色的观叶植物鸭跖草、野生的杠板归丰富夏季和秋季景观,冬季则用冷季型黑麦草作为补充。

主要参考文献

陈慧娟,邹浩,阎遥,等,2023.持续强降雨影响下黄梅县袁山村三组滑坡破坏特征与成因分析[J].华南地质,39(3):482-491.

黄润秋,许强,2008.中国典型灾难性滑坡[M].北京:科学出版社.

毛帅,邹浩,穆景超,等,2023.微型桩技术在堆积层滑坡应急处置中的应用:以湖北英山县石鼓寺滑坡为例[J].华南地质,39(4):724-732.

孙红月,吕庆,2012.堆积层滑坡成因机理与防治[M].北京:科学出版社.

王超,邹浩,毛帅,等,2023.黄冈地区地质灾害特征及滑坡孕灾机理研究[J].资源环境与工程,37(6):757-765.

朱文慧,陈金国,邹浩,等,2018.基于滑坡特征统计研究黄冈市2016年汛期滑坡成因机理[J].资源环境与工程,32(S1):89-92.

朱文慧,邹浩,何卓,等,2023.基于降雨作用的陡倾顺向岩质滑坡变形破坏机理研究:以蕲春县牛冲村滑坡为例[J].资源环境与工程,37(6):749-756.

朱文慧,邹浩,石威,等,2022.滑带土抗剪强度参数取值研究:以黄冈市片麻岩类堆积层滑坡为例[J].资源环境与工程,36(5):639-645.

邹浩,陈金国,吴恒,等,2017.2016年多轮强降雨影响下黄冈市地质灾害发育规律浅析[J].资源环境与工程,31(06):764-768.

邹浩,陈金国,蔡恒昊,等.刍议高速远程滑坡—碎屑流在黄冈地区变质岩地层孕灾特点:以蕲春县大同镇两河口村八组滑坡为例[J].资源环境与工程,2019,33(S1):43-51.

邹浩,陈金国,何文娟,等.鄂东黄冈地区堆积层滑坡及接触面物理力学特性研究[J].资源环境与工程,2021,35(S1):188-195.

邹浩,何霏,白俊龙.黄冈地区降雨型滑坡影响因素及与降雨量的关系[J].长江科学院院报,2023,40(2):124-130.

邹浩,贾琳,郑路路,等.基于覆盖土层厚度识别的区域斜坡降雨入渗稳定性定量评价[J/OL].地球科学,1-14[2024-02-21]. http://kns.cnki.net/kcms/detail/42.1874.P.20230626.1828.004.html.

ZOU H,CAI J,YAN E,et al,2023. Probabilistic slope seepage analysis under rainfall considering spatial variability of hydraulic conductivity and method comparison[J]. Water,15(4):810.

ZOU H,ZHANG S,ZHAO J,et al,2023. Investigating the shear strength of granitic gneiss residual soil based on response surface methodology[J]. Sensors(23):4308.

内部参考资料

毛帅,王超,陈兵,2017.湖北省黄冈市黄州区龙王山地质灾害群防治工程设计报告[R].黄冈:湖北省地质局第三地质大队.

邹浩,蔡恒昊,阎遥,2017.湖北省罗田县白莲河乡月山村三组滑坡(含不稳定斜坡)应急治理设计

[R].黄冈:湖北省地质局第三地质大队.

邹浩,毛帅,穆景超,2022.英山县百涧河滑坡、黑石头滑坡等三处滑坡治理工程施工图设计[R].黄冈:湖北省地质局第三地质大队.

邹浩,阎遥,蔡恒昊,2017.湖北省蕲春县大同镇两河口村八组滑坡治理工程设计[R].黄冈:湖北省地质局第三地质大队.

邹浩,阎遥,朱文慧,2020.黄梅县大河镇袁山村三组滑坡及宋冲村滑坡治理工程施工图设计[R].黄冈:湖北省地质局第三地质大队.

邹浩,朱文慧,闫遥,2022.麻城市龟峰山村与茶园冲村地质灾害群防治工程施工图设计[R].黄冈:湖北省地质局第三地质大队.

邹浩,陈兵,朱文慧.黄冈地区堆积层滑坡危险性精细评价与应用研究[R].黄冈:湖北省地质局第三地质大队.

邹浩,毛帅,陈兵.鄂东黄冈地区堆积层滑坡孕灾机理研究[R].黄冈:湖北省地质局第三地质大队.

后 记

　　本书是湖北省地质局第三地质大队8年地质灾害防治工作的初步总结与浓缩，此成果得益于湖北省自然资源厅及其相关处室对鄂东北区域地质灾害防治工作的支持，尤其是2018—2022年湖北省作为地质灾害综合防治体系建设全国重点省份，5年累计在本区域投入资金近5亿元，实施了调查评价、监测预警、治理与搬迁、能力提升、信息化五大类项目。同时，各级党委政府高度重视地质灾害防治工作，积极争取资金和相关政策，使得地质人可从多角度对本区地质灾害进行剖析、研究和防治实践。在此特别致谢自然资源系统相关领导曾环宇、倪钦亮、路顺、喻鸣、杜琦、李源等。

　　历尽天华成此景，人间万事出艰辛！鄂东北地质灾害防治事业成绩来之不易，这是习近平新时代中国特色社会主义思想正确引领的结果，是湖北省地质局党委和黄冈市委市政府坚强领导的结果，是第三地质大队与黄冈市各县（市、区）自然资源和规划局勠力同心的结果。第三地质大队三届党委高度重视地质灾害防治工作，领导全体三队人闻令而动，不惧风雨，负重前行，艰苦奋斗，担当守护人民群众的最美逆行者。8年来第三地质大队党委以时时放不下的责任感和使命感，切实扛起了鄂东北地质灾害防治重任，"一茬接着一茬干，一张蓝图绘到底"，为地质灾害防治工作倾注了大量心血。在此我们感谢他们：夏彦、孙祥民、饶水明、陈金国、夏焰光、王涛等。同时，鄂东北地质灾害防治工作以及第三地质大队的发展离不开湖北省内行业资深专家的悉心指导，耐心答疑。尤其是晏鄂川、江鸿彬、周衍龙、徐绍宇、杨世松、肖尚德、陈少平、乐嘉祥、陈海洋、祝启坤、刘昌雄、刘行架、严桂华、宋琨、王亚军、张抒、蔡静森、王章琼、高旭等专家教授以及中国地质大学（武汉）工程学院研究生卢操、肖炜波、李又升、杜毅、陈前等，在此一并感谢。

　　湖北省地质局第三地质大队近几年的地质灾害防治工作得到了各级党委政府和当地干部群众的认可与好评。2016年、2020年，黄冈市委市政府两次向湖北省地质局致感谢信，对第三地质大队汛期提供的地质灾害技术支撑充分肯定。2021年，黄冈市防汛抗旱指挥部给予第三地质大队感谢信。2021年，第三地质大队成功预警浠水县三角山崩塌地质灾害，入选湖北省2021年十大地质灾害成功预警案例。鄂东北地质灾害防治科研成果荣获湖北省地质局科技进步三等奖等奖项。历年来，各县（市、区）自然资源和规划局累计向第三地质大队致感谢信和锦旗50多份。《人民日报》《中国自然资源报》《湖北日报》《黄冈日报》等媒体也多次宣传报道第三地质大队地质灾害防治相关事迹和案例。这些沉甸甸的荣誉，极大地增强了我们的信心，我们备受鼓舞，深受感动，也十分珍惜，我们将把荣誉转化为前进的动力，感恩奋进，做好新时期地质灾害防治工作，不辜负各级党委政府和群众对我们的信任与期望。

　　征途漫漫，惟有奋斗！本书的出版是各位领导、专家、三队全体专业技术人员的智慧结晶，是对第三地质大队以往工作的总结升华，也是开启第三地质大队下一阶段工作的宣言书。党的二十大胜利召开，为我们擘画了中国式现代化的蓝图美景，也为我们的事业发展指明了前进方向。习近平总书记给山东省地矿局第六地质大队的回信精神，为地质人注入了强大精神动力。站在新的历史起点，第三地质大队将以习近平新时代中国特色社会主义思想为指引，努力践行习近平总书记地质重要回信精神，发扬地质人优良传统和精神品质，争做筚路蓝缕、心有大我的奉献者，一马当先、勇做尖兵的先行者，仰望星空、脚踏实地的攀登者，不断提高地质灾害认知水平能力，持续钻研地质灾害理论规律，主动创新地质灾害防治技术方法，为鄂东北地区社会经济发展提供高水平的地质安全保障！